少数民族服饰元素在服装设计中的应用

谢青 著

中国纺织出版社

图书在版编目（CIP）数据

少数民族服饰图案在服装设计中的应用 / 谢青
著 . -- 北京 ：中国纺织出版社， 2019.7
ISBN 978-7-5180-4683-6

Ⅰ. ①少… Ⅱ. ①谢… Ⅲ. ①少数民族－民族服饰－
服饰图案－应用－服装设计 Ⅳ. ①TS941.2

中国版本图书馆CIP数据核字(2018)第025422号

责任编辑：姚　君　　　　　　　　　　　　　　　　责任印制：储志伟

中国纺织出版社出版发行
地　　　址：北京市朝阳区百子湾东里A407号楼　　　邮政编码：100124
销售电话：010-67004422　　　　　　传真：010-87155801
http://www.c-textilep.com
E-mail：faxing@c-textilep.com
中国纺织出版社天猫旗舰店
官方微博http://weibo.com/2119887771
北京虎彩文化传播有限公司印刷　　　各地新华书店经销
2019年7月第1版第1次印刷
开　　本：710×1000　　1/16　　　印张：13.75
字　　数：200千字　　定价：62.00元

前　言
PREFACE

　　少数民族的文化，是一种极具研究价值的文化，图案是构成服装风格特征及其文化内涵的重要元素符号。民族服饰图案，历史悠久，丰富多彩，是服饰文化的重要设计元素之一，在发展和演变的过程中它以丰富多彩的形式，显示出其独特并富有魅力的民族传统和历史文化。随着时代的发展，少数民族服饰图案也被越来越多的设计师活用，成为他们在服装设计中的重要灵感来源。将其运用到服装设计教学中，能够为学生引领一片新的领域，激发学生的设计灵感，也能发扬少数民族的文化和精神。

　　鉴于此，作者撰写了《少数民族服饰图案在服装设计中的应用》一书。本书共有五章。第一章对少数民族服饰的特点进行了系统的介绍；第二章从民族服饰地理环境与人文环境、文化心理与审美特征、符号传达、宗教功能等方面，阐述了民族服饰的文化内涵；第三章介绍了民族服饰所蕴含的设计元素，内容涵盖民族服饰的符号特征、造型与图案、工艺及技法；第四章论述了民族风格服饰的设计与创新，内容包括民族服饰元素的借鉴、民族风格服饰的设计过程以及民族风格服饰的创意设计、民族风格服饰设计的创新手法；第五章对具有代表性的民族风格服饰设计作品进行了展示和赏析。

　　本书力图从民族服饰图案的历史发展过程的角度，从中提取它们的艺术特点和审美价值，并通过民族服饰图案在现代服装设计中的应用，阐述民族服饰图案在现代服装设计中的独特魅力和艺术价值，以使我们在服装设计过程中吸取其精华，设计出富有民族特色的现代服装。

　　本书内容丰富，以民族服饰图案在服装设计中的应用为视角，向读者展示了中国少数民族服饰的无限魅力。希望通过本书的写作，与读者一道领略中国少数民族服饰的风采，同时也希望本书能够帮助服装设计人员提高设计方面的创新能力，从而弘扬中国的民族传统文化，推动现代服装设计的发展。

本书在撰写过程中参阅了大量的学术专著和相关文献，书后仅列出了部分主要参考文献，在此向各参阅文献的作者表示衷心的感谢。由于本书涉及的内容比较宽泛，同时作者的时间紧迫，书中难免会有不尽如人意之处，希望广大专家、学者和同仁批评、指正。

作　者
2019年1月

目 录
CONTENTS

第一章　少数民族服饰探究 ……………………………………………… 1

第一节　少数民族服饰概述 ……………………………………… 2

第二节　少数民族服饰特点 ……………………………………… 5

第三节　千姿百态的少数民族服饰 ……………………………… 12

第二章　民族服饰的文化内涵 …………………………………………… 99

第一节　民族服饰的地理环境与人文环境 ……………………… 100

第二节　民族服饰的文化心理与审美特征 ……………………… 104

第三节　民族服饰的符号传达 …………………………………… 110

第四节　民族服饰的宗教功能 …………………………………… 112

第三章　民族服饰蕴含的设计元素 ……………………………………… 117

第一节　民族服饰的符号特征 …………………………………… 118

第二节　民族服饰造型与图案 …………………………………… 125

第三节　民族服饰工艺及技法 …………………………………… 142

第四章　民族风格服饰的设计与创新 …………………………………… 167

第一节　民族服饰元素的借鉴 …………………………………… 168

第二节　民族风格服饰的设计过程 ……………………………… 176

第三节　民族风格服饰的创意设计 ……………………………… 185

第四节　民族风格服饰设计的创新手法 ………………………… 194

第五章　民族风格服饰设计作品赏析 ························· 205

　第一节　国外设计师作品 ························· 206

　第二节　国内设计师作品 ························· 208

参考文献 ························· 211

第一章　少数民族服饰探究

中国少数民族的传统服饰大多是用天然材料制成的，做工精湛，风格高雅，朴素大方。经过世世代代的生活繁衍，少数民族服饰文化传承下来，凝聚了民族风俗、民族精神和民族审美。

第一节　少数民族服饰概述

一、服饰品及文身

（一）饰品

通过考古学和民俗学专家的调查研究我们发现，当纺织和服装还没有出现时，原始人就知道如何制作和佩戴装饰品。

从一些史前崖画、雕刻、陶器上的人物形象上可以看出，虽然当时人们全身裸露，但常在头、耳、颈、臀等部位佩戴饰品，如羽毛、兽牙、贝壳、石珠等。中华民族的祖先早在距今约10万～20万年前的旧石器时代就利用兽牙、骨、鸵鸟蛋壳、石珠等做装饰。在北京周口店山顶洞人的遗址发掘出的人体骨骼化石旁，有大量的人工打磨和钻孔的石珠、兽牙和贝壳，并被赤铁矿粉末染成红色。

各种发现和研究表明，人类服装的历史可能始于佩戴装饰品。

佩戴饰品的习俗在我国少数民族中得以长期保留。如被古籍称为"裸形蛮"的景颇族先民，虽然无衣蔽体，仅"以树皮毛皮……掩其脐下"，但有头上戴骨圈、插野鸡毛、缠红藤等习俗。今天，佩戴饰品仍是少数民族不可缺少的着装习惯，并有着不亚于服装的意义。如高山族男女均要戴项饰、胸饰，有的珠串多达二百余颗，中间最大的称为"母珠"，是代代相传的珍品。对于少数民族而言，饰品的意义不仅仅是装饰，用野猪牙、山羊胡须缀成的胸饰，不仅是人体的装饰品，还含有巫术、信仰与图腾崇拜的意义。

（二）文身

在装饰品和服装出现之前，原始人类也经历了一个人体装饰发展的阶段。

即以文身劙痕的方式来修饰人体，标志着人类开始通过努力改变他们的外表，具有里程碑的意义。

劙痕是以燧石、贝壳等锐器将肌肤划割劙伤，愈后形成浅色的浮痕。这多为深肤色的原始民族所为。文身是以针刺皮肤，用研细的炭粉渗入皮下，待发炎后形成永不褪色的深蓝花纹。文身的花纹比劙痕更为精细和丰富，在我国少数民族中延续至今。《山海经·海内南经》称"雕题国在郁水南"。"雕题"亦为文身，"题"为人的面额部。关于文身的其他称谓有"扎青""绣面""雕青"。《汉书》亦记载南方百越诸族有"断发文身"的习俗。唐柳宗元《柳州峒氓》写道："愁向公庭问重译，欲投章甫作文身。"

我国南方少数民族大多有文身习俗，其中尤以黎族、高山族、傣族、独龙族最为突出，持续时间最长。高山族文身花纹极为丰富，除直线、折线、曲线外，还有鸟纹、人头纹、蛇纹等。

文身是人体装饰的一种原始形式，尤其是在服装还未完整地出现之前，文身图案起到护佑和巫术的作用，也是一个部落的象征。

《汉书·地理志》称"文身断发，以避蛟龙之害"，这种观念是远古图腾崇拜的反映。

图腾崇拜发展成为氏族符号，成为氏族的标志。文身中所包含的特殊含义浓缩为某种信念。这些图案在服装出现之后以新的形式保留在服装上，如高山族对百步蛇的崇拜转化为服饰图案，成为文身的遗迹。

二、服饰

（一）草裙

人类的服饰经历了一个草裙时代，大约在旧石器时代晚期，人类主要采用树皮、树叶作为衣饰。

当时人们的生产方式是以采集为生，以植物的草、叶、树皮覆体亦理所当然。草裙时代的这种风格在我国少数民族服饰上可见一斑，如傣族的树皮衣，是用一种叫箭毒树的植物的树皮，经木棒捶打成柔软纤维，即成御寒性强的树皮衣；怒族在山地劳动时穿戴的竹绑腿，是用竹片串联而成的。苗族、侗族男女在祭祀活动中均要穿一种"帘裙"，它的设计模仿了草裙款式。土家族在节日祭祀祖先的盛典，追寻原始生产方式时跳"摆手舞"（穿插表演"毛古斯"）的表演者要穿着一种从头到脚用稻草制成的服装。傣族、壮族的人们在祭祀活动中，也要穿戴稻草制成的衣裙和面具。所有这些都表明了少数民族对其祖先的原始生活的追寻。

（二）披裹式服装

披裹式服装是服装发展的早期阶段，也就是说，用单块面料包裹在身体周围，如遮背式、披肩式的斗篷。在独龙族、怒族、彝族、藏族、哈尼族等民族的着装中，可以看到他们将长毯披裹于身。高山族在祭祀服和丧服中有一种"方衣"，是披在身上或围在腰上的。彝族的披毡察尔瓦也是披裹式服装的一种。这些服饰风格都蕴含着深厚的历史和文化底蕴，并留在各民族的服饰中。

（三）贯头衣

贯头衣是在单块披绕式的基础上发展起来的，比披裹式向前迈出了一大步。这种服装基本上已经定型，不做裁剪，即两个身长的单块面料被折叠成两半，中间留下一个洞，或者挖洞，这样头部就可以伸出。这种款式的服装就叫作贯头衣。贯头衣前后两片可以在双臂下缝合起来，使之形成衣服的基本形，亦可在腰间拴上腰带，使之固定。

这种兴起于五六千年前的服装款式被保留下来，现仍在彝族、苗族、瑶族等少数民族中流行，如云南寻甸彝族支系的白彝妇女上身着白地红图案的贯头衣，广西白裤瑶妇女上身着蜡染贯头衣，云南麻栗坡彝族妇女穿祭服贯头衣。

三、服装造型分析

中国的少数民族服装迅速从单块面料披裹式的服装，发展到采用多块衣料进行缝制、上衣下裳和衣裳连属式交替使用的阶段，此阶段形成我国服装的基本形制。服装形成相对稳定的造型，据其结构分为如下三种类型，这三种类型在少数民族服装中均得以体现：较原始的织造型，之后为缝合型，再就是后期的剪裁型。

织造型服装的特点是以手工编织成的面料为基础，不经缝合，即有织无缝。如贯头衣即属此类型，无领无袖，以布片缀合或以束腰带捆扎固定前后两片，是服装较原始的状态。在织造型基础上进一步发展，即缝合型，有织有缝，不用剪刀裁剪，仅将面料分割或撕成矩形块料再缝制。整个服装采用正方形、三角形的几何形裁片。如黔东南苗族上衣由4~6块构成，即胸片、背片和袖片三部分，每一部分由对等的两块布构成。

裙子的裁制也较为简单，一条裙子只要两三块布或一整块布料。白裤瑶男子穿的白裤是最典型的缝合型服装，由一整段白色长布料F（约为三个幅宽的长度）构成三个正方形，沿中间正方形的对角线处折叠，对角线处形成平底裤裆，余下的正方形布料分别与中间正方形一边相连，上部为裤腰，裆两侧为裤脚，从而做成白裤瑶的平底大裆裤，只有穿上身时才显出裤子的特点。

缝制采用手工窄幅布料，不产生边角废料。这种缝合型服装不具有个体化特征，不同年龄、不同身材的人皆可穿着。裁剪型是在缝合型基础上的进一步发展，即根据人体尺寸用剪刀将面料剪裁为几何形裁片，再经大量的严密缝合后做成服装，能较好地覆盖身体，而且不需要如束腰带、背牌、披肩等服饰配件，如湘西地区的苗族、白族等服饰。该类型与前两个类型（织造型、缝合型）所具有的缝合量小、服饰配件多的特点迥然不同。

中式服装的基本形制有别于西式服装，即袖身相连、无省道的平面造型。这种平面裁剪也是我国少数民族长期留存下来的服装特点。

第二节　少数民族服饰特点

一、我国少数民族服饰的地域特征

少数民族服饰的形成是不同的，导致形成差异的主要因素有自然环境、经济形态、生活习俗等。文化形态是人类适应生态环境的结果，这也是生态文化学的观点。

我国南北两大区域少数民族的服装，在款式、色彩、材料、种类、工艺制作上有着明显的区别，正如《列子·汤问》称"南国之人，祝发而裸；北国之人鞴巾而裈；中国之人冠冕而裳"。直到现在，北方的少数民族仍是多着宽袍长褂，以皮裘而成衣，具有粗犷而奔放的风格；南方的少数民族多着长裙、长裤，以丝绸布麻为材料，具有细腻考究的特点。

南北两大地域中各民族又各自不同，各民族中又分若干支系，形成大同中的小异。民族服饰的多样性让人目不暇接，它们是变化万千的艺术宝库。

（一）不同的自然环境形成不同民族的审美取向

各民族服饰的形成与自然环境密切相关，最终影响该民族的审美心理和审美取向。正如有的学者称："审美心理的形成离不开与该民族的生存息息相关的自然条件和该民族自己所造就的社会条件。"生活在北方草原大漠和绵延起伏的高山之间的少数民族，服装审美取向是粗犷豪迈的情致和色彩鲜明的风格。如蒙古族以畜牧业为主，为适应这种流动性的游牧生活方式以及温差变化大的气候条件，蒙古族男女喜爱穿长袍，系红色或绿色等色彩艳丽的腰带，并且腰佩蒙古刀，足穿高筒靴，其服饰颇为强悍、威武。蒙古族服饰上很少绣花朵纹样，最多仅在边角处装饰少量云纹，因此服饰整体造型具有厚重、古朴的风韵。

南方少数民族的生存环境是山川秀丽，在这样的环境中，民族服装具有精致细腻、轻盈典雅的特点。仅就裙子而言，其款式极其繁多。长裙分有褶和无褶；筒裙没有褶裥，上下宽窄相同，"以布一幅，横围腰间，旁无襞积"即是；短裙也分有褶与无褶。苗族一支常穿一种长仅20厘米的百褶裙，被称为"短裙苗"。不同的着裙方式使裙子产生丰富的变化，如傣族妇女曳地的长裙，优雅动人；苗族的百褶裙走动起来伸缩自如，有摇曳飘动之感；花腰傣在穿着筒裙时，有意将左边裙腰部提高10厘米捆扎，使裙摆上翘，走动时更添风韵。同为彝族，生活在大凉山的彝族服饰以黑为主，配上红、黑两色，纹样也少花花草草，其风格犹如他们生活所在的雄伟大山一般古朴而壮美。相比之下，生活在四季如春的云南彝族服饰则多绣花朵纹样，色彩缤纷。

（二）因地制宜、就地取材的少数民族服饰

位于寒冷地带、温带的北方少数民族以气候为依据，通常采用当地盛产的毛皮、毡裘为服饰材料。满族、蒙古族、鄂伦春族等民族将皮裘制成宽袍、长褂（只有朝鲜族、回族不着长袍）。袍服因民族不同又有所区别，仅在开衩上就可看出这种区别，如鄂伦春族用狍皮做成的袍子，男子为了便于骑马，袍子除左右开衩外还在前后摆中线处开衩，形成与其他北方民族长袍不同的款式。鄂伦春族是以狩猎为生的，冬天大人、小孩均喜戴用完整的狍头皮制作的帽子，并保留狍的耳、眼、鼻，据说行猎时可引诱猎物，便于捕捉。居住在东北三江平原的赫哲族以捕鱼为生，不仅以鱼为食，还以鱼皮为衣，因此历史上称之为"鱼皮部"或"鱼皮鞑子"。满族妇女穿宽大直筒长袍，为"旗袍"，后发展成为中国妇女代表性的服饰。维吾尔族的长袍称为"袷袢"，是对襟长袍，直斜领，无纽扣，腰束一块花巾固定。

南部的大多数民族都位于亚热带地区，气候炎热而湿润。服装材料为棉、麻、丝绸，这些面料的透气性较好。服装款式也多是上衣下裙（或裤）。南方地区少数民族大多生活在崇山峻岭之中，绵延的山地交通阻塞，一个民族分多个支系，表现在服饰上也就很不相同。如苗族、彝族均是一百多个支系，其服饰也有一百余种。因此，南方少数民族服装款式千姿百态，制作材料也丰富多彩。住在高寒地区的彝族、景颇族，以毛毡做披毡、筒裙；住在热带雨林中的傣族、佤族以丝绸、棉、麻为服装材料。

二、少数民族服饰的民俗特征

少数民族服饰是民族发展历程的史书，是民族习俗、民族心理、民族信仰的载体，是民俗活动的活化石。中国少数民族有着丰富的民俗活动，除了大的节日如春节、端午节、中秋节是我国全民族的节日外，每个民族还有本民族的节庆活动。以多民族的贵州为例，据说每天都有若干个村寨在过各种各样的节日。在这些节日里，他们都打扮得漂漂亮亮的。在一些节日里，人们也会穿特别的衣服来庆祝。另外，还有人生礼仪、婚丧嫁娶等专门服饰，这些节日盛装为丰富多彩的少数民族服饰锦上添花。

（一）节日礼俗的服饰

1.节日礼服是人和"神"、现实和历史之间进行沟通的桥梁

新年是各民族的重要节日，各民族新年又分为四类：

一是和汉族一样，过农历春节。

二是根据原始的物候历，确定本民族的新年。

三是根据太阳或月亮的运行规律，制定传统的民族历法，由这种历法确定本民族新年。

四是由习惯形成的新年，一般都在收获季节之后。

人们对新年非常重视，因为它是一年的开始，全年的吉凶福祸都将在这开元初旦之日昭示。因此，敬拜的仪式是多种多样的。但有两个主要内容是各民族不可少的：其一，祭祀祖先和祈求人寿年丰；其二，年轻男女对歌、谈情、游方坐夜、玩年、玩春。过年时要穿上盛装与新服，有的节日对服饰还有特殊要求，如正月初，景颇族要举行大型的群众活动——"木脑纵歌"。上千的景颇族人身着盛装，跳木脑舞进入会场，领头的祭司"脑双"身穿长袍、头插美丽的孔雀和野鸡的羽毛，并戴犀鸟头嘴的冠帽，手执长刀在前面开路；随后是头包白帕，穿对襟短衫，挎长刀的景颇族男子；接着是景颇族妇女，包红头巾，穿黑衣红裙，披戴银袍银坠（象征龙女后代），手舞彩巾彩扇，围绕着高耸的木脑柱跳舞，追思着景颇族先民由青藏高原南迁历程中所经历的曲折艰苦。

2.节日盛装是男女青年传情的重要媒介

过年过节，少数民族的人们均穿盛装参加集会活动。有的年节实际就是以"赛衣"为内容的节日，如正月十五就是金沙江流域彝族的赛衣盛会，姑娘们身着盛装相互比赛的同时，还要携带上几套甚至十几套新衣，舞完一圈就换上一套服装。

大姚彝族的"赛衣节"在农历三月二十八日举行，传说是为了纪念一位彝族姑娘，她舍身除霸，死后变成美丽的小鸟，人们举行赛衣活动以纪念她。大家身着绣有马樱花的服装、头帕来跳舞、对歌。彝族要在农历二月初八过插花节，以纪念用自己生命抗暴除恶的彝族姑娘"咪衣鲁"。这一天男女青年用花传情，以花为媒互赠马樱花。云南广西的苗族在正月要举行踩花山节，节日时男女青年要举行穿衣、绩麻、编草鞋等比赛。穿衣比赛从山脚起跑，每隔几十米按顺序放着各人的绑腿、裙子、衣服、腰带等，边跑边穿，以快为胜。这些活动将娴熟技能与强健美丽统一起来，从而形成共同的审美标准。

云南金平的瑶族、苗族、哈尼族、彝族等少数民族，在春节后的第一个节气要过"姑娘节"，各族姑娘穿上鲜艳的民族服装到县城广场上翩翩起舞并购买首饰、花线……贵州苗族还要过"姐妹节"并吃"姐妹饭"（五色饭）。姑娘所戴的银头饰、颈饰、胸饰都很重，母亲用竹篮挑上这些饰物陪伴姑娘到歌场附近的江边，帮着参加跳舞的孩子穿戴、打扮。"三月三"由古代"上巳节"演变而来，后来发展为春游、交友、野宴的活动，如杜甫《丽人行》称"三月三日天气新，长安水边多丽人"。南方很多民族都要过这个节日，但节日名称、内容、意义各不相同，如黎族三月三叫"孚念孚"节。传说远古时洪水为害，仅剩下兄妹二人漂流在五指山下，为了繁衍后代，妹妹只好文面改变容颜与哥哥成亲。从此留下了文面和三月三的习俗，在这一天黎族年轻男女身着盛装跳舞、对歌、摔跤。

（二）少数民族人生礼俗服饰

人生礼俗是一种在生命转折时期具有重要意义的民俗。人们祈祷能顺利通过这个时刻，并因此带来好运和幸福。各个民族均形成了形形色色的民间习俗，如诞生礼、成年礼、婚礼、丧礼……人生礼俗在服饰上表现得淋漓尽致，将诞生的隆重、成年的喜悦、嫁娶的热烈、死别的悲怆表现得非常深刻。

1.诞生礼

新生的生命较弱，因此弱小生命的诞生被称为"人生关口"，每个民族都特别重视，添丁进口、传宗接代成为民族繁衍的重要内容。苗家认为初生的婴儿还处在阴阳交界、人鬼之间，因此要千方百计保护新生命，其中包括采取系列穿戴仪式，如用一张绣有"蝴蝶妈妈"图案的纺织品作为褓褓，一直到两岁前服装都绣这种"蝴蝶妈妈"图案，以示"始祖母"对后代的庇护。瑶族有以狗为图腾崇拜的习俗，孩子戴上狗头帽可驱邪避恶，带来平安。云南彝族则给婴儿穿用虎头帽、虎头鞋和虎纹肚兜等服饰，因为他们认为彝族人是虎族的后代，佩戴象征古老传统和集体意识的造型符号意味着承认新成员的血缘关系。

2.成年礼

成年礼是大多数少数民族都要通过礼仪举行的仪式，它意味着童年的结束，成人的到来，从此将进入社会，他应该享有成年人的权利，并以新的身份在社会群体中扮演新的角色、在社会群体中发挥新的作用。为步入青春期的少年男女举行成年礼，是族人想通过仪式把他们接纳到社会中，通过仪式规范其行为，使之成为合格的人。有的民族视成年礼是与诞生礼同等重要的礼仪，认为诞生礼是将"婴儿从冥间或灵界引渡到人间"，得到血亲的承认；而成年礼则是将孩子从血亲那里引渡给社会，得到社会的承认。瑶族成年礼称为"度戒"，在这七天的礼仪中象征性地经历了"投生""怀胎""剪脐"等过程，是一次有关诞生的过程，其"父母"则由师父、师公、道公十余人组成。经过"度戒"仪式的男子才被承认是盘王的子孙，受到族人的尊重，才可结婚参加社交活动。"度戒"仪式的服装特别，师公身披红法衣，道公穿绣有日月星辰及神像、龙纹的道公服，度戒者穿红衣系白腰带，以象征胎儿的脐带，度戒者接受传统社会规范和伦理道德教育，是人们进入社会的一次脱胎换骨的新生。有的民族成年礼进行文身、凿齿、染齿的礼仪，如黎族、高山族、傣族等。

在纳西族与普米族，成年礼有着别具一格的称呼。纳西族、普米族的成年礼称为"穿裙子礼""穿裤子礼"，以换装形式出现，在新年正月初一举行。仪式在公共住宅"一梅"内的"女柱"（或"男柱"）边举行。女孩穿裙仪式由母亲主持，男孩穿裤仪式由巫师"打巴"在男柱边上举行。祭过神灵后的少女靠近"女柱"，站在猪膘和粮袋上（象征衣食不愁），右手拿手镯、珠串、耳环等饰品，左手捧麻、纱、布等物，母亲为其脱下童装，换上成年妇女的衣裙并扎上一条绣花腰带，从此少女就可参加各类集会，交异性朋友。基诺族的男子成年礼非常隆重，十六七岁的少年集体举行仪式，气氛热烈而神秘，父母赠男子以农具和成年衣饰——绣有月亮徽的上衣、筒帕及刻有花纹的耳管，从此他们便成为男青年组织"饶考"的成员。当裕固族的姑娘十七八岁时，其父母择吉日宴请宾客为女儿举行戴"头面"的成年仪式，由儿女双全的年长妇女梳头并系缀有银牌、华丽宝石的"头面"，象征成年并受众人祝贺，从此父母为其设立小帐房，姑娘可以自由结交男友。彝族的成年礼称为"沙拉洛"，其意为换童裙，选择吉日佳期，由母亲或长辈妇女主持，其内容为改变发型（改独辫为双辫）再戴上头帕；改换裙式，换下红白两色童裙，穿三截色彩的百褶裙；去耳线并戴上银耳环。

在我国，并不是所有的少数民族都拥有自己民族的成年礼的，但是，不举行成年礼的少数民族，会以改变服饰装束来表示自己的成年。如西双版纳哈尼族的爱尼姑娘在十六七岁时，要以刺绣精美有银牌的"欧丘丘"帽换下孩提时戴的小圆帽，表示她可以恋爱了。云南勐连的爱尼姑娘以拥有多个追求者为荣，并将男友送的骨簪和黑绿色发亮的甲壳虫戴在头上，以显示自己的魅力。藏族女孩成年礼时戴豪华的"巴珠"冠并举行祝贺仪式。

（三）婚礼服饰

少数民族视婚礼为人生转折的大礼。婚礼服是新娘在婚前用很长时间精心绣制的，其款式与该民族的节日盛装相似，但更为华丽夸张。如凉山彝族新娘的银质披索"者者福"银胸饰。有的地区的婚礼服体现了先民服饰特点，如贵州赫章彝族的方袍就是古代的贯头衣，据清《大定府志》载："……方袍，以诸色帛为细方块，绣花卉鸟兽其上，连缀至方，二尺为一幅，方袍用数十幅为之。其为衣前短后长，四周连缀，上开一孔，自头笼下。亦有裹，其裹贫者用布，富者用帛。是袍也加于诸衣之上，惟新妇于初至之三日衣之，以陪客，平时不用。"衣长宽均为2.4米，上面由近百个刺绣精美的绣片连缀而成，以花卉蝴蝶纹为主，还穿插万字纹。方袍穿着于身，长可曳地，配银饰，极为华贵。

广西融水的花瑶结婚时要戴"狗头冠"。盘瑶婚礼的新郎新娘在包有层层彩色织锦的头上要披戴红色的布斗篷，这种古老习俗还保持在迁居大洋彼岸瑶族华裔新娘的婚礼服上。有的地区的苗族新娘婚礼服与盛装相同，一生中穿一两次，死后做寿衣陪葬。迎娶新娘时，伴娘要为她准备一把伞，寓意用伞除掉污浊之气。苗族姑娘出嫁除穿上美丽的嫁衣外，还要穿专门请寨子里儿女双全的能干的妇女织的草鞋，据说目的是通过新草鞋穿后的磨损状况来预测新娘一生的福祸。红河流域的花腰傣族新娘到婆家后，由两个少女为之拴红线，祝福婚姻永久。

少数民族人民会将自己的婚姻状况用服饰表达出来，用以约束自己的行为，因此，新娘婚后的服饰与结婚前的服饰有着很大的差别。如云南滇池一带彝族姑娘的鸡冠帽的戴法就有很多变化，未成年的少女要正戴，恋爱中的少女要歪戴，若已有对象便将帽前后颠倒戴，婚后就不再戴鸡冠帽了。

广西壮族姑娘在参加对歌或赶集时，要戴条白毛巾在头上，称为"婚标头巾"。若未婚则将毛巾折叠成三层盖在头上，已婚者就要将头巾包头并打上结。

（四）丧礼服

在少数民族的传统认识中，人是会在生与死、人与鬼、阳界与阴界进行轮回的，而丧礼是轮回的重要环节，是人生重要的转换过程，因此，少数民族十分重视丧礼，为悼念死者，要举行丧礼。《百夷传》载：父母亡……诸亲戚邻人，各持酒物于丧家，聚少年数百人，饮酒作乐歌舞达旦，谓之"娱死"。死者要着

"寿衣"，其着衣方式与生时不同，如衣衽、裹腿的方向均向左，以示生死有别。傣族丧礼主家着孝服，除头缠拖地的白色孝帕和白色丧服外，男人还挎长刀，女人穿节日盛装，因为在他们心目中红白皆为喜事。同时，亲属还要打红伞，妇女腰上挂的秧箩还必须底朝上。彝族葬礼的男子丧服多为古代武士打扮：头包英雄结；身披牦牛尾毛编成的"衰（丧服）衣"，象征铠甲；斜挎白玉英雄带；手执宝剑，边唱边舞。麻栗坡彝族花倮人在葬礼中主持跳送葬舞的女祭司（龙公主），穿一种原始的贯头衣（龙婆衣），即由长约3米、宽约1.5米的大幅整布缝制，由拼接成三角形图案或有太阳纹、水纹蜡染等花布制成，中间挖洞贯头而披，张臂衣宽及腕，长及脚踝。

第三节　千姿百态的少数民族服饰

一、东北地区少数民族服饰

（一）赫哲族服饰

赫哲族人民居住的范围比较集中，主要分布在黑龙江省同江、抚远、绕河等县及黑龙江、乌苏里江流域，其他地区也有少数赫哲族人居住，以捕鱼为业，兼事狩猎，信仰萨满教。

由于长期生活于河流交织、地势低洼的"三江平原"，赫哲族保持着独特的生活方式和服饰特点。其交通工具主要为狗拉雪橇，衣着多为鱼皮制作，因此历史上称之为"使犬部"或"鱼皮部"。居住在乌苏里江上游至松花江流域的赫哲族人主要用狍皮、鹿皮为衣料。

从八岔至黑龙江下游的赫哲族人多用鱼皮制衣。只有少数上层权贵才可能穿到棉布和绫罗绸缎的服装。清代末年赫哲族有了棉布输入，但赫哲族人着装用料主要仍是就地取材，正如《皇清职贡图》中所描绘的赫哲族人"男以桦皮为帽，冬则貂帽狐裘；妇女帽如兜鍪。衣服多用鱼皮，而缘以色布，边缀铜铃，与铠甲相似"。

1.男子服饰

赫哲族男子多戴帽，夏天戴桦皮帽，即以桦皮为原料做成形如斗笠的尖顶大檐帽子，帽檐处镶桦皮花边，有波浪纹或鹿、鱼等纹样。桦皮帽轻盈、美观，犹如精心制作的工艺品，用于遮阳挡雨。"夏日通"帽子主要由帽头、帽耳、帽罩组成。帽头如瓜皮，帽耳绣花，冬天帽内缝皮子保暖。"考日木楚"狍头帽，是冬季狩猎时做伪装时戴的，与鄂伦春族、鄂温克族的狍头帽相似，现在被貂皮大耳帽取代。

男子多穿长袍，用狍皮缝制，称为"大哈"，长达膝以下，冬季的大哈用带有长毛的皮缝制，春、夏、秋季则用皮革或短毛皮张制作。大哈衣襟宽大，袖口适中，襟边下摆多镶饰边纹或染成黑色的云纹做饰；纽扣为铜扣，扣上有花纹，或用鲶鱼骨做纽扣，显得古朴美观。下穿长裤，腰系长带，寒冬外出时长裤外套上狍皮套裤，男女均可穿，裤管肥大，防寒性能好。

赫哲族是我国唯一以捕鱼为业的少数民族，又被称作"鱼皮鞑子"，自古以来男女均着鱼皮服，赫哲语称"乌提库"，它是赫哲族人以前的常服。这种裤子采用鲑鱼（大麻哈鱼）皮制成，制作过程是把鲑鱼宽厚的鱼皮完整剥下，晾干去鳞，放在凹木床上用木槌捶鞣软，使之柔软如布，然后将其拼接成大块面料，再裁剪成衣片；之后用韧度强的鱼皮线或鹿筋、狍筋线缝缀；其衣襟、袖口、摆边处镶补绣图案，或用皮条、色布绲边。由于鱼皮背部色深，鱼腹色浅，因此鱼皮能产生色彩深浅渐变，使鱼皮具有特殊的美感，并且耐磨、抗湿、保暖。穿着鱼皮制的衣服从事渔猎、划船捕鱼或在浅水中劳作时，都很方便。由于气温低，天寒地冻，鱼皮服也不会腐烂、发臭。

鱼皮靰鞡是男子捕鱼狩猎时穿着的鞋，赫哲语称"温塔"，是用加工过的槐头鱼、鲑鱼和狗头鱼等的鱼皮制作的，工艺精细。鞋帮和鞋底用整块鱼皮制作，分"靰鞡身""脸""勒"三部分，形似半筒靴子，用皮条绳做带子。穿着时鞋内絮上经过捶打的靰鞡草或猪鬃草，穿上狍皮袜后再穿鱼皮靰鞡，轻便、暖和、防潮。鞋子牢实，便于在泥泞中行走，妇女外出劳作时亦爱穿着。赫哲族人冬季常戴狍皮手套。制作手套时需把手套背部的皮子抽褶，后再与手掌面的另一块皮子缝合；在大拇指部位留孔，用细毛兽皮镶边。手套口用较薄鱼皮或兽皮做成带子缝上，戴手套时扎紧带子，以便保暖。还有用布做的手套，再用鱼皮缝制手套外罩，外出时加罩，以便防水耐磨。鱼皮制作的手套多是用染成土黄色的柔软鱼皮缝成五指分开的，手背上绣上云纹图案，缘口还镶上红、黑边饰，非常精美。

赫哲族老人亦喜戴这种绣有花纹的鱼皮帽，再穿上大襟缘绣与帽子、披风的花纹一致的长袍，全身是极好的套装。

2.妇女服饰

赫哲族少女梳一根长辫，已婚妇女则梳两根辫子。夏季用纱巾扎头，冬季则戴皮帽，尤其喜戴鱼皮帽，帽身为瓜皮状，帽顶用兽尾或羽毛装饰，下部是垂在两肩和背部的披风，可防风寒。两侧有下垂的帽耳，帽耳内缝紫貂皮。鱼皮帽制作精巧，上用彩色丝线补绣用鱼皮剪成的纹样，有的绣线盖住鱼皮图案，使之产生立体的浅浮雕感而别具一格。帽檐用红、黑等线。帽上亦绣云纹的适合纹样，白底上红、黄、蓝、黑的色彩，对比强烈。帽后披风边缘亦绣有上述色彩的波状连续纹样，整个鱼皮帽浑然一体，为寒冷的冬季增加特别的色彩。

（二）满族服饰

满族几乎分布于全国各地，其中主要集中在辽宁、吉林、黑龙江、河北等省市，多从事农业，信奉萨满教。其先民世居林海草原，靠猎熊、捕貂、挖参、网鱼为生。满族在历史上曾作为统治者民族，其服饰在清代成为"国服"，从而深深地影响了中华各族服饰，并为我国现代服饰奠定了一定的基础。

1.满族服饰的历史沿革

满族故乡史称"白山黑水"，即长白山黑龙江之称。《山海经》记载"大荒之中，有山曰不咸，有肃慎氏之国"。"不咸"即长白山，"肃慎"当是满族的先民。其族源可追溯到两千多年前的"肃慎"及以后的"挹娄""勿吉""女真"。秦汉时期满族先民"肃慎""挹娄"以狩猎为业，"其俗好养猪，食其肉，衣其皮。冬以猪膏涂身，厚数分，以御风寒。夏则裸袒，以尺布隐其前后，以蔽形体"（《三国志·魏志东夷传》）。

隋唐时期，该民族手工业有了发展，麻布生产量增多。当时"勿吉"妇女穿布裙，男子则着猪犬皮裘。居住在黑龙江下游两岸的"靺鞨"各部则过着原始的渔猎生活，人们穿着鱼皮或兽皮缝制的衣服，上面饰有补绣的粗犷图案，或黑红等色画上简单的线条。明代女真各部农业手工业发展很快，但不平衡。居住在长白山、松花江流域的"建州女真"过着定居的农耕生活，种植五谷，缉麻纺线，"饮食服用，皆如华人"（《皇明九边考》）。而居住在黑龙江流域由赫哲族、鄂伦春族等融合而成的"野人女真"仍不事农业，仅以捕猎为生。明末，女真人同中原开展马市贸易，以马匹、人参、貂皮等换取汉人的绸缎织物，使服饰面料趋于丰富。纺织品的丰富为服饰发展创造了重要条件。努尔哈赤在赫图阿拉称"汗"后，女真人已能自己纺织丝绸，"天命元年，国中始育蚕、缲丝，以织绸缎，植棉以织布"（《满文老档秘录》）。史书记载努尔哈赤"身穿龙文天盖，上长至膝，下长至足，皆裁剪貂皮，以为缘饰，足纳鹿皮兀剌靴"；而女真平民"御寒则布袍革履，做事则短""男子皮裘褐裤，妇女布裙长襦"（《宁安县志》）。

清初，生活在东北地区白山黑水间的满族人"蓝缕山林，身则短衣，足则乌拉，首则皮帽，仿佛先代衣冠习俗使然耳"（《长白汇征录》）。入关后，满族利用执政权力，在全国强制推行满族服饰，并且与汉族服饰相结合，形成了永载中华服饰史册的清代服饰。

2.服饰特征

满族男女服饰品类繁多，并且具有鲜明的民族特色。近现代服饰已有很大变化，但其受传统服饰的影响依然存在。

（1）男子服饰。

满族男子不分长幼，一年四季均戴帽。帽可分为礼帽、便帽两大类。礼帽是出门、会客时戴的，也称大帽。夏季戴的礼帽为圆锥状凉帽，高约20厘米，直径约40厘米，帽内有直径18厘米的帽箍，用长白山区沼泽中的蒲草"得勒苏"编成，山里人则用桦树皮缝制。在满族统治中国并定都北京后，视草帽为祖宗发祥地的祥物，列为贵品，经精心制作并装饰后，定为皇帝及官员的夏冠。秋季礼帽用黑色薄毡制成，上端为扁桶形，下部平檐。一般百姓家的男子置办一顶，以备红白喜事或探亲访友时用。礼帽一直沿用到20世纪50年代，以后戴者渐少，但现又趋流行。便帽又称小帽，俗称"瓜皮帽"，老幼都可戴。明代时在汉族中已流行，称"六和一统"帽，清时已普遍戴用。冬春一般以黑素缎为面，夏秋以黑实地纱为面。该帽由六瓣缝合而成，帽子顶上缀一由丝绒结成的"大疙瘩"，帽檐正中用珍珠、美玉等宝石或金、银制成的帽石装饰，是满族先民灵石崇拜的遗风。年轻的八旗子弟，甚至清王朝皇帝的便帽在帽疙瘩上挂一缕长尺许的红丝穗，称为"红缨"，更显英姿飒爽。

满族男子发式为"剃发垂辫"，这种发式是从先民古俗中因袭而来的，即靺鞨人的"俗编发"，女真人的"辫发垂肩"。其发式为沿额角两端引一条直线，将该直线前的头发全部剃去，只留颅后头发。据说这种发式便于骑射生涯，前部不留发免于跃马疾驰让头发遮住眼睛。颅后留辫是为了行军狩猎时可枕辫而眠。发辫不仅成为该民族的外部标记，也成为重要的审美对象。八旗子弟用金、银、珠宝等珍品制成小坠角儿，系在辫梢为美。

满族男女均身着长袍，亦称旗袍，满语称"衣介"，是旗人特有的袍子，其式样为圆领、大襟（左衽）、束腰、窄袖，有的带箭袖、有扣襻、下摆四面开衩，便于鞍马骑射。箭袖称"哇哈"，是很有特点的窄袖，在窄袖口前接一半圆形袖头，一般最长15厘米，形似马蹄，因此又称"马蹄袖"。平时挽于袖口上，出猎作战时则放下来覆盖手背，冬季可御寒。清代在参拜仪式上，需将箭袖"掸下"，然后行半礼或全礼。如今满族农民，特别是赶车时，其棉衣常以狼皮、狍皮在袖口处接以"袖头"，以护手背，实为箭袖之遗风。

马褂常和长袍配搭穿着。最初，马褂是骑马时穿的外褂，样式如现在的对襟小棉袄，圆领、对襟、扣襻，衣长至脐，袖长及肘，四面开衩，紧身窄袖，适于骑射之需，能防风御寒。清初马褂流行于八旗军旅中，之后流行于民间，并成为迎接宾客祭祀礼仪时显示文雅、具有礼服性质的服饰。"黄马褂"是皇帝对勋臣勇将的赏赐品，是极高荣誉的象征。马褂有单、夹，或纱、棉、皮之别，可根据季节变化穿着。款式有长袖马褂、短袖马褂、对襟马褂、大襟马褂、琵琶襟马褂等。

满族袍褂的领子也很有特点，入关前满族的习惯就是衣领处不相连接，即袍褂均不缝领，外加一条领子，俗称"假领"。男式袍褂领子式样如今之中山装领，春秋时多用浅湖蓝或鸭青色，用绸缎或细布做成；夏天一般不戴领，用则以浅色纱或细布做成。冬季则用深色绒或皮条制成。戴时多穿在外褂里面，再翻出领来，既保暖又有装饰作用。腰带亦是满族穿长袍时必需的束腰，夏季扎镂空丝板带，其颜色为黄色、红色或者蓝色。

男子下装有便裤和套裤之分。便裤多为蓝色、黑色，男女老幼式样一致，没有口袋，不分前后，两条裤管在裆处开始缝合，上接白色裤腰，裤腰肥大，穿时将其折叠用腰带系上，裤脚系带。套裤是两个不相连接的裤管，穿时套在裤子外用以御寒。裤管上端前高后低，形成圆斜口状。其高端齐腰，并钉有带与裤腰带相连，低端位于臀下，女子的套裤常绣有精致的花边。套裤有棉、皮之分，穿套裤者多为老人、猎人或赶车的人，冬季在户外从事劳作的人也常穿。

满族具有民族特点的鞋是"靰鞡"（满语），意为用皮革制成的鞋靴，其用料、造型、工艺、用途都有着浓郁的地方特点和民族特色。史料称"……缝皮为鞋，附以皮环，纫以麻绳，最利跋涉，国语曰靰鞡"。努尔哈赤称"汗"，他和诸将均脚穿鹿皮靰鞡，或黄色或黑色。满族入主中原后，男子改穿由呢、布、棉、毡等制作的各种朝靴，大体都是在靰鞡的基础上改进的。满族妇女也有穿靰鞡的，不同处在于有"布腰"，上面绣有花纹，制作也较精致，多用上等牛皮缝制，也有用猪皮、马皮或鹿皮，甚至鱼皮制作的。其鞋面缝制时留下许多皱纹，四周有六个耳子，穿用时鞋口近脚踝处垫以衬布，用细皮穿过耳子系在小腿上。靰鞡最大的特点是可用来御寒，在冰天雪地中征战、出猎、赶车时必穿。靰鞡里满楦用靰鞡草，起着保暖的作用，俗语称"关东山，三件宝，人参、貂皮、靰鞡草"。如今，在黑龙江满族聚居地的市场上，仍有靰鞡鞋。

（2）妇女服饰。

成年前的满族妇女发式和男孩一样，剃去四周头发只留颅后发，编辫子垂在脑后，大约与骑射有关。成年待嫁时开始蓄发，绾抓髻或梳大辫。已婚妇女多绾髻，其样式和名称甚多，以在上层妇女中流行"两把头"的最为典型，一般妇女在婚嫁或重要节庆时也梳此头，称为"京头"。"两把头"在髻上戴顶"扇形发冠"，俗称"旗头"，其冠用黑色缎绒等材料制作，上面缀有绢花、凤鸟等饰物，两侧垂有丝穗，十分华丽。

满族妇女喜爱在发髻上插鲜花和头饰，东北地区某些满族妇女头髻上甚至插一精巧小瓶，装有清水并插一朵鲜花；而且喜插金、银、珠宝制成的头簪。最有特色的是"大扁簪"，长者达30厘米，短的亦十余厘米，用时贯穿于发髻之中；并重耳饰，民间流行一耳戴三环的习俗，乾隆亦称"旗妇一耳戴三钳，原系满洲旧风，断不可改饰"（《清裨类钞》）。

满族妇女的旗袍十分讲究。清代的旗袍在衣襟、领、袖处均镶嵌几道花条或彩牙，并以多镶为美。到清代盛世时流行"十八镶"，即镶上18道花边。还时兴"大挽袖"，即袖长过手，在袖的下半截，彩绣各种与袖面不同颜色的花纹，再将其挽出，显得典雅、别致。除长旗袍外还有短旗袍，下面套绣花长裙，又是一番韵味。满族妇女原不穿裙，均穿便裤和套裤（以便骑马射箭），后受汉文化的影响，也渐穿长裙。裙有六幅罗裙、八幅罗裙、十二幅罗裙之分，因上衣较长，裙子露出较短。坎肩又称背心、马甲，为满族的传统服饰之一，是吸收了汉族"半臂"的特长发展起来的。坎肩无领、无袖，穿着方便，常套在旗袍之外以增加色彩变化，富有装饰作用。用料讲究，款式亦多样。常见的款式有对襟直翘、对襟圆翘、琵琶襟、一字襟……琵琶襟坎肩的大襟富有变化，从第二颗纽扣的地方直通而下，但不到底，因下襟缺一小截而别具特点。

满族妇女注重头的装饰，而脚仍保持自然之美，不缠足，过去称"金头天足"。古代先民有"削木为履"的习惯，后来发展成为高跟的木底鞋，称之为"旗鞋"。高跟在鞋底的中部，一般高为3~5厘米，有的高近10厘米，用白细布将整个跟身包裹起来。跟底形似马蹄的称为"马蹄底鞋"，形似"花盆"的称为"花盆底鞋"，鞋帮镶彩边绣花。老年妇女多穿平底的旗鞋，以木或硬布为底，绸缎或布为鞋帮，鞋的式样特别，鞋底短、鞋面长，鞋面前端伸出底外，均要绣上花纹，忌穿无花纹的鞋，以为不吉。

满族服饰对我国近代服饰有着深远的影响，在世界服装界享有盛誉的中国旗袍就源于满族旗袍，它体现了东方女性文雅、端庄、贤淑的美。满族悠久的服饰历史有着丰富的文化内涵，服饰中色彩、纹样、佩饰均体现了他们的审美情趣，积淀着图腾崇拜、宗教观念和民俗意识。

（三）蒙古族服饰

在中国北方茫茫的内蒙古大草原上，生活着一个古老的民族——蒙古族。蒙古族以畜牧业和农耕为主，善歌舞，喜摔跤。很多蒙古族人更是生活在极具特色的蒙古包和勒勒车里。蒙古族服饰具有浓厚的草原风格，不论男女都喜欢穿长袍。

1.蒙古袍

由于生活在大草原上，蒙古族人为了便于鞍马骑乘，都喜穿宽大的袍服，即蒙古袍。蒙古袍的基本款式为长袍，下摆两侧或中间开衩，马蹄袖。女子袍服的外面还套有款式各异的坎肩。

蒙古袍在不同的地区，式样也有所差别。例如女子袍服，科尔沁等地区的蒙古袍受满族影响较大，多为宽大直筒到脚跟的长袍，两侧开衩，领口和袖口大都绣有花纹；锡林郭勒草原的蒙古袍则衣身肥大，窄袖，不开衩；鄂尔多斯的女子袍服则分三件，第一件为袖长至手腕的贴身衣，第二件为袖长至肘的外衣，第三件为无领的对襟坎肩。

蒙古袍的佩饰也很多，如腰带、靴子、帽子、首饰等。腰带由长三四米的绸缎或棉布制成，上面可挂蒙古刀、火镰、鼻烟盒等饰物。男子扎腰带时，一般将袍服向上提，束得很短，以便骑乘，同时显得精悍潇洒。蒙古靴大都由兽皮或布制成，做工精细，靴帮等处大多绣有精美图案。蒙古族的帽子也极具地方特色，顶高边平，里面用白毡制成，外面多为皮制，帽顶缀有缨子。有些蒙古族人不戴帽，而是用绸子缠头。蒙古族人自古以来就有戴首饰的习俗，这些首饰多用玛瑙、翡翠、珊瑚、珍珠、白银等珍贵材料制成，富丽华贵。

2.女子头饰

蒙古族女子的头饰非常讲究。为了方便保存和迁徙，蒙古族牧民们往往将自己的财富转换为金银珠宝佩戴在头上或身上。每当隆重的场合，蒙古族女子总会戴着华丽的头饰一展风采。尤其是在姑娘出嫁的时候，新娘子那银光闪烁、珠宝垂面的头饰，尽显美丽与华贵。

不同年龄段、不同地区的蒙古族女子佩戴的头饰各具特色，有的为盘羊角式，有的为簪钗组合式，有的为简单朴素的双珠发套式，有的为两侧的大发棒和穿有宝石的链坠。

3.蒙古族刺绣

蒙古族的刺绣艺术源远流长。

早在元代以前，蒙古族就极注重刺绣，女子几乎个个都是刺绣高手。她们将花纹绣于帽子、头饰、衣领、袖口、袍服边饰、坎肩、靴子、荷包等处，为服饰增添了亮丽的色彩。

蒙古族的刺绣十分精美，是将丝、棉、驼绒、牛筋等制成的绣线浮凸于布帛、绸、羊毛毡及各类皮革之上，并强调颜色由淡到深进行推移，层次较多，能产生一种浮雕的立体效果。此外，蒙古族刺绣的图案都具有特定的象征意义，或喻富贵，或喻长寿。

贴花也是蒙古族刺绣的一种，即将布料或皮革剪成各种纹样，贴在布底或毡底上，再经过缝缀、锁边而成，既实用，又美观，且节省时间。

4.摔跤服

蒙古族的摔跤服是一种特殊的袍服，在举行摔跤活动时穿着，具有勇武的民族特色。摔跤服包括坎肩、长裤、套裤、包腿、彩绸腰带、吉祥带等。

坎肩无领无袖，袒露胸部，后身较长，前胸镶有两排铜钉或缀以带子；长裤宽大，用大块布料制成，利于散热，也方便活动；套裤用坚韧结实的布或绒布制成，膝盖处饰有颜色丰富的图案，显得粗犷有力，多为云朵纹、植物纹、寿纹等；彩绸腰带是将红、黄、蓝三色的绸缎或布条扎起来，穿缀在一根结实的皮带上，紧紧地系在腰间，每当行动起来，垂下来的花花绿绿的布条便会一同抖动，摔跤手犹如无敌猛狮；包腿是专为摔跤时"绊踢"而设的，以保护小腿，即将竹子削成竹篾，从踝骨开始缠至膝盖以下；吉祥带是摔跤手脖子上戴的绸缎条，也是一种奖品和鼓励，数量越多说明其获胜次数越多。

（四）朝鲜族服饰

朝鲜族是由朝鲜人的后裔从17世纪开始，由朝鲜半岛迁入东北三省而形成的。今主要聚居于吉林省延边朝鲜族自治州，黑龙江、辽宁及内蒙古等地也有分布。

中国中原地区与朝鲜半岛在历史上有一层特殊关系。《史记·朝鲜列传》称"朝鲜王满者，故燕人也"。汉代燕人卫满亡命东逃而立为朝鲜王。汉末扶余人朱蒙据其地，改称句丽，即高丽。唐太宗曾远征高丽。清初帝王曾征高丽，并册封高丽王，还把朝鲜贵族军队编入满洲八旗之内，迁入东北的许多朝鲜族人渐渐融入汉族和满族。由于历史渊源，朝鲜族服饰深受中原汉族服饰的影响。

朝鲜族男女老幼对白色和玉色特别珍爱，有"白衣民族"之称，淡雅素净的白色和浅色显示了朝鲜族清洁、朴素的民族情操。民间传说白色象征吉祥，可驱魔避邪。结婚时新郎须乘白马迎娶新娘；儿童过生日，长辈给孩子颈上套一白线，希望能有白线团那样长的寿命。

1.男子服饰

朝鲜族男子礼服的款式一直没有明显的变化，至今每逢盛会节庆载歌载舞之际，必有一男子按古仪领舞。该男子上穿浅色或白色短衣；外套深色坎肩；下着肥大长裤，俗称"跑裤"；足蹬船形鞋，鞋头翘起；头戴"相帽"，宽帽檐，帽顶竖一细杆以系长绦，称"相尾"，随舞蹈节奏不断摇头，使二十余米长的绸条或纸条旋绕于身体周围。

民间传统的朝鲜族男装多为白色，上衣短，裤长且肥大，裤口系带。男装外衣套深蓝坎肩或有布带纽扣的朝鲜族斜襟长袍。过去，朝鲜族男子还要戴一种高筒黑纱帽，是用头发和马鬃编织而成的，这大约是由古代的笠演变而来的。19世纪以前，朝鲜族男子婚前梳辫，婚后束发髻戴笠，平时戴网巾或岩巾，外出时戴笠。笠通常是用芦苇、绸缎做成的，但贫苦人则戴草笠或纸笠。现在，一般青年男子戴鸭舌帽，中年人戴毡帽，老年者戴毡帽或笠。过去，朝鲜族男子成年后要举行"冠礼"仪式，"冠礼"又称"三加礼"，即在成年礼仪式上男子要换三次冠而得名。第一次先为成年的男子结发、罩网巾、加冠；几天后再择吉日进行第二次，将冠取下戴上纱帽；第三次在纱帽上加上幞头，如此成年礼才算完成。

2.妇女服饰

朝鲜族妇女传统服饰为短衣长裙，上衣称为"则高利"，短至胸乳，长约30厘米，中老年妇女的稍长，但不过腰；斜襟无扣；在领下右侧饰两根飘带并扎成蝴蝶结，以系紧上衣两襟，长带88厘米，短带74厘米，结下的带头飘垂于胸前；上衣多为白色或浅淡的色彩，如淡黄、月白、水红等；领部镶白色领条，飘带色彩与上衣用鲜艳的色彩；领口和紧袖口有加色边的。朝鲜族妇女下着的裙装款式有长裙、短裙以及缠裙、筒裙、围裙等。女子婚后裙摆渐下，长及足踝。少妇爱穿长裙、缠裙或筒裙。长裙多皱褶，裙腰与上衣内的小背心相连，束于乳际线上，如唐代妇女高腰裙之风尚。裙子色彩一般比上衣深或与飘带一色。缠裙以整片裙幅围腰缠于身，用带束腰，侧边开启，以便于举步活动，裙长至脚背，青年妇女于节日或喜庆之日将其用作礼服，仪态典雅。

朝鲜族妇女发式因不同年龄而变化，孩童时短发齐眉、齐耳，后颈头发剃去，显得洁净可爱。少女时梳一独辫，辫梢系彩色蝴蝶结。已婚妇女挽髻于脑后，老年妇女喜用白色头巾包头。过去，姑娘成年时要举行成年礼，又称"笄礼"，即将长发挽髻后横插一长簪，更增加了姑娘成熟、端庄的风韵。

二、西北地区少数民族服饰

（一）塔吉克族服饰

塔吉克族人长期生活在海拔高达4千米的帕米尔高原，被称为"世界屋脊居民""离太阳最近的民族"。今天，大部分塔吉克族人居住在新疆维吾尔自治区塔什库尔干塔吉克自治县，少数散居在喀喇昆仑山麓的莎车、叶城、皮山等县，以畜牧业为主，兼营农业。

1.男子服饰

塔吉克族男子一般穿套头的白衬衫，衣领、胸襟处绣有花纹；外罩黑色或褐色袷袢。年轻男子穿着在襟边、袖口处绣有花纹的袷袢，系绣花腰带或镶金银饰品的皮带，下穿黑色绣花窄长裤，裤腿两侧开衩旁边均饰有花纹，夏天戴白色毡帽。冬天头戴皮帽，穿皮大衣，以灯芯绒或平绒做面，式样宽松适体，形制为对襟、无扣，有的在襟、袖等处绣有花纹，腰束带或腰巾，常佩有装饰精美的小刀，下着皮裤。为了便于骑马，常穿长筒皮靴，夏季则穿羊皮制的鞋帮，牦牛皮做底的长筒皮靴，其特点是轻巧、柔软而耐磨。冬天再加一双毡袜，过冰川雪岭仍如平地。

男子一年四季均戴帽，其帽颇具特色，皮帽是高筒的圆顶帽，以黑平绒为面，黑羊羔皮为里，帽筒上有一圈花边装饰。皮帽可自由翻卷，遇风沙拉下帽檐，以遮住面颊和双耳，很实用。夏天则戴白色翻毛皮帽。

2.妇女服饰

塔吉克族妇女喜着红色、紫色等色彩鲜艳的连衣裙，以使她们白皙的皮肤更为俏丽。外套红色的绣花长坎肩或短外套，冬季则罩棉袷袢，下着布长裤。已婚妇女在腰间系后身围腰，将臀部遮住。着深红色的长筒皮靴，在冰雪皑皑的雪山下，犹如一团燃烧的火焰，给人以温暖。

塔吉克族妇女的发型十分讲究，喜在发辫上装饰饰物。发型因年龄的不同而有明显的区别：未婚姑娘不留鬓发，梳四条发辫，用小铜链将辫梢连接在一起，发辫上又缀有两大串银元，每个银元上凿有小孔，彼此以金属小圈扣套，形成两条长长的银元串饰。少女胸前佩挂被称为"拉斯卡"的圆形饰物，晶莹光亮。新婚妇女亦梳四条辫，辫梢上挂一排白色纽扣或银币，佩戴银项链，垂耳环。作为已婚的标志，腰际需系扎花腰巾。盛装时常在帽檐上垂下串串珠串或银链。

塔吉克族妇女所戴帽冠多有绣花，少女所戴的平顶圆帽用紫、金黄、大红色的平绒精心绣制，用金、银亮片或珠子编制成花卉纹样，装饰在帽檐四周。前檐垂饰一排色彩艳丽的串珠或小银链。已婚妇女戴绣花圆筒形羔皮帽或棉帽，帽的后半部垂有帘布，可遮及后脑和两耳。妇女外出时，帽上加披大方巾，不仅包住帽冠，还可护住双肩和前脑。大方巾的色彩因人而异，少女多为黄色、嫩绿色，新娘多为红色，老年妇女多为白色。

塔吉克族人喜爱红色。对红色的喜爱缘于崇拜太阳。据《大唐西域记·揭盘陀国》记载，塔吉克族人称自己为"汗日天种"，称其始祖母与太阳神结合而孕育了该族的后代。妇女所戴的棉帽上绣有传统的几何纹，多为"十字纹"，这便是一种"太阳纹"。因而塔吉克族人的衣物多有红色，男女老幼的靴子也染成红色。订婚时男子所送的礼物中必有大红色的方巾；新娘的辫梢系上红色的丝穗，穿红色的长裙，外罩红色袷祥，穿红皮靴子；新郎的帽子外面也要缠上红、白两色的丝绸或棉布长巾，以示纯洁和热烈。

（二）维吾尔族服饰

维吾尔族是我国历史悠久的民族之一，古称"回鹘""韦乾""畏兀儿"。主要居住在天山以南的各处绿洲，少数分布于湖南省桃源、常德等县。多信仰伊斯兰教。

1.服饰的历史沿革

从公元前3世纪的丁令部落到维吾尔族先民回鹘，一直都有自己特定的服饰。公元8世纪回鹘建立了汗国，社会经济开始由游牧生活转向农耕畜牧的定居生活，服饰形态也发生了变化。具体表现为由原来的"素简而趋于豪华，甚至有金银珠宝之饰……民族性格转入平和、朴实、安定之民族……会集中国、波斯、希腊、印度诸民族文化，逐渐成为西域回鹘新文明"（刘义棠《维吾尔研究》）。回鹘汗国与唐王朝关系得到改善，服装也受到唐王朝的尊重。据《旧唐书·回纥传》载，唐太宗之女太和公主与回纥可汗成亲时，解唐服，"而披（回鹘）可教服：通裾大襦，皆茜色，金饰冠如角前指"。9世纪汗王国亡，回鹘的一支迁往新疆吐鲁番。早在汉代，中原居民就来到吐鲁番盆地屯田，发展农业。当地人亦养蚕植棉，织出著名的"白叠子布"。回鹘人与当地人长期相处而形成维吾尔族，其服饰也与之交汇融合。11世纪，随着伊斯兰文化的东进，伊斯兰教的信仰及其服饰深刻地影响着维吾尔族，阿拉伯纹样逐渐取代了传统纹饰并成为维吾尔族服饰的主要纹样。15～16世纪，浸润着伊斯兰文化的维吾尔近代服饰趋于成熟，维吾尔族现代服饰即是在此基础上发展而成的。

2.服饰区域形制

（1）男子服饰。

青年男子上衣多着白色合领衬衣，领口、前胸、袖口均绣有花边，下着长裤，腰束皮带并挂英吉沙小刀，既方便生活，也增加男子汉的气概，外套袷袢，足穿皮靴。

"袷袢"是一种宽松式的长袍，是维吾尔族最具有代表性的服装款式，男女均穿，尤以男性穿着为多。袍长过膝，对襟，袖长过指，无领无扣，穿时用细棉线织成绣花腰带束扎。

老年男子多穿有长条纹的黑色或深褐色袷袢，在腰上系一条称为"波塔"的腰巾，束紧衣服可保暖，给惯于骑马的维吾尔族男人带来方便，又可存放食物和生活用品。下穿深色长裤和皮靴。

维吾尔族伊斯兰教的大阿訇过去还穿着用手工割绒织成的、色彩艳丽的一种和尖帽相配套的长袷袢，凡穿上这种服装的阿訇，人们均要向他们施舍，因此又称为"乞丐服"。袷袢的传统面料是手感轻软、织造细密的手工织布，称为"切克曼"或"拜合散"，也有皮质的，还有用狐皮或水獭皮做领的袷袢。盛装的袷袢衣料上乘并绣以花纹。清代的"毛质男式袷袢"用细密的红色毛织面料，以连绵不断的花草、旋转的团花为饰，明黄、嫩绿、秋香、黑白等色彩使服装艳丽沉稳，充满活力。

维吾尔族男女老幼都有戴帽冠的习俗（按伊斯兰教礼节，出门都不能露发、露顶，在室外头无遮盖是对真主的一种亵渎），其帽冠历史久远，款式多样，纹饰精美。早在唐代，西域男性戴的卷檐尖顶胡帽就类似于现在的"四片瓦"毡帽。吐鲁番伯孜克里克石窟第20窟壁画中的供养童子所戴的圆形小花帽，与现在维吾尔族人戴的花帽极其相似。

　　花帽是维吾尔族人特有的服饰之一，其工艺精湛，样式纹样丰富多彩。他们用刺绣、编织、镶嵌、挑花、盘金、饰银等不同手法，制作出近400种花色各不相同的精美花帽，其造型、纹样、色彩、技法千姿百态，其中尤数喀什生产的花帽最为有名，行销天山南北已有几百年的历史了。除此之外，各地的花帽也各有特点：南疆喀什的男子花帽以巴旦姆图案为主，黑地白花色彩明快，称为"巴旦多帕"。其花纹由巴旦姆杏核的变形和添加纹样组合而成，头圆尾尖，又称为"火腿纹"，它由四个巴旦姆花纹旋转排列构成帽顶的主体纹样。黑地白花也是维吾尔族男子常戴的花帽。墨玉的巴旦姆花帽富有更多的变化，亦是深受欢迎的花帽之一。曼波尔花帽则以纹样细腻著称，满地花纹呈散点排列，色彩高雅，帽形扁平，是男子喜戴的花帽。格兰姆花帽色彩富丽，帽顶较圆，也是男女喜爱戴的花帽，它以扎绒法绣成，好似地毯，所以又称"地毯花帽"。吐鲁番的花帽红花绿叶相配，以色彩艳丽著称。而库车的花帽以串珠、金银饰片为主要装饰物，璀璨夺目。

　　花帽斜戴于头顶上，为能歌善舞的维吾尔族男子增添了无比的魅力。夏天或做礼拜时维吾尔族男子喜戴夏帕克白色小帽，又称"瓜皮小帽"，圆顶圆口，白色纯净，穿一身白衣裤再套上黑色坎肩，使之既简洁大方，又清爽利索。

　　皮帽是维吾尔族人冬季的主要帽冠。南疆的英吉沙县流行的圆形羊羔皮帽很有特色。帽的高度达20～30厘米，维吾尔族男子戴上这种帽子显得英俊而潇洒。牧区的维吾尔族人戴一种白板皮朝外，毛朝里，帽檐镶黑鱼皮边的皮帽。从事宗教事务的维吾尔族人戴的帽子以黑平绒做面，用羊皮或旱獭皮缝缀成厚厚的圆形边饰，整体效果显得格外庄重。

　　（2）妇女服饰。

　　维吾尔族妇女的传统女袍亦为袷袢式的对襟长袍，袖口紧窄，领、襟边、下摆和袖口处均镶饰有织绣的绸缎花边，特别之处在于胸前两侧装饰有并排的三条或四条弧形的带状，有的是织金缎带，有的是织锦缎带。这种款式的服装至今还保留在民丰、于阗的维吾尔族妇女的服饰当中。现在维吾尔族妇女不分老少，均喜着连衣裙。该裙下摆长而宽大，面料多用丝绸，其中以维吾尔族特有的艾德利丝绸为上品。维吾尔族少女穿上这种富有动感、华丽异常的连衣裙，显得更为活泼可爱。艾德利丝绸是采用扎染经线编织而成的丝绸，其纹样多为变形的水波纹、羽毛状。由于产地不同而风格迥异：新疆和田、洛浦的讲究黑白对比的效果，空间虚实得当，布局大方得体；莎东、喀什的则以浓艳的红黄色调为主，穿插以蓝、紫、翠绿及金线等，色彩金碧辉煌，纹样细腻工整。

连衣裙外常套以金丝绒对襟坎肩，使服装增加层次。冬天则套一件长袷祥，更为讲究的则穿一件用绸缎做成的合领或高领外衣，在领口、胸前和两侧开衩处加绣云头如意纹，制作精美者用金银线盘绣团花或散花，衣上缀有五对铜制或银制的扣襻。下穿印花布做成的长裤，有的裤脚处绣有花纹。如喀什的妇女所穿的长裤，裤口的绣花纹饰特别富丽。妇女还喜穿一种用绸缎或布做成的高领外衣，其做工精美，领口、襟边与袖口处均绲边镶饰。

维吾尔族女子的发型和头饰很有特点，以发辫为主，未婚者常梳十余条小辫，并以辫长为美，发辫梢让其自然散开。出嫁的新娘改梳双辫，头上插一新月形的梳子，也有将双辫盘成发髻状的。南疆妇女婚后则梳四条辫。

少女多戴花帽，年长妇女外出均要包头巾。其头巾包法很有特点，有的包得头发一丝不露；有的仅包住后脑勺，使之发髻高耸，更显娇艳高贵。所包的头巾更是千变万化，维吾尔族妇女非常善于打扮自己，年龄大的选择黑色的、上面有闪烁的五彩亮片的头巾，缠于头顶和发髻上，使其浑然一体，更显出面庞的清秀与靓丽；年纪轻的则选择嫩黄、粉红、大红的头巾。由于维吾尔族信仰伊斯兰教，有戴盖头、蒙面纱的习俗，这使头巾的变化更加丰富。

皮靴是维吾尔族人传统服饰中不可缺少的，这与其早年的游牧生活有关。其祖先曾游牧于高山雪岭，纵横驰骋在辽阔的西域边陲，穿靴既便于骑射，又保暖耐寒，是不可或缺的服饰品。花靴是维吾尔族妇女特别的服饰，与裙装搭配更显其刚毅之美。

维吾尔族妇女特别讲究化妆，尤其善于自己制作植物化妆品，既美化自己，又不伤害皮肤。如采用手工特制的"奥斯曼"生眉笔描眉，不仅使眉毛浓黑，而且有护眉和刺激眉毛生长的功效。维吾尔族姑娘从四五岁起即开始描眉。南疆妇女在自家院落中种上"海纳花"，将花瓣捣碎可涂染成红指甲。她们还将沙枣树胶加上适量的清水搅拌成液体，自制成名叫"依黑穆"的发胶，用梳子将其梳在头发上再编成辫子。发胶干后使头发乌黑发亮，发型也能长久保持。

维吾尔族有崇白尚黑的习俗，对红色和绿色也十分喜爱。据考证，唐代维吾尔族先民回鹘军队尚白，战旗为白色，首领亦骑白马。其先民曾以白禽（白鹰）、白畜为图腾并流传至今，因此人们喜爱白色。其婚礼、割礼等盛装均以白色为主。维吾尔族曾以树为图腾崇拜，这带来了对黑色的崇尚，英吉沙等地至今仍然保留了喜穿黑衣裤、戴黑羊羔皮帽的习俗。回纥王所建立的高昌汗国即崇尚黑色，国旗用黑，黑色含有幸福、圣洁、高大之意。维吾尔语称黑为"喀拉"，在新疆不少地区的地名便冠以"喀拉"，如"喀拉昆仑""喀拉喀什"并曾经建立有"喀拉汗国"。

（三）保安族服饰

保安族聚居于甘肃省临夏大河家，因原居住地为青海同仁隆务河的保安城、下庄、朵沙日，即"保安三庄"而得名，多信仰伊斯兰教。

保安族服饰早期受蒙古族服饰影响。据史书记载，保安族是由元、明时期一批信仰伊斯兰教的蒙古族人为主体，与当时保安地区的汉族、土族、回族、藏族等融合而成。男女冬季都穿长皮袍，戴各式皮帽；夏季穿夹袍，戴白羊皮毡制的喇叭形高筒帽，系各色丝绸腰带，并佩戴装饰物。清咸丰年间，保安族受藏族、土族等服饰影响，男女穿斜襟长袍、长衫，戴礼帽。有的男子着高领白色短褂，外套黑坎肩。年轻人喜穿称为"柔纳"的长袍，形如藏袍，大斜襟。老年人穿青、蓝、灰三色盘袄，外套青色团花对襟缎褂，后开衩，着大裆裤，秋天穿套裤。清同治年间保安族迁至甘肃临夏，与回族、东乡族、汉族等民族来往密切，服饰受其影响而有明显变化。

1.男子服饰

保安族男子头戴白色或黑色圆顶小帽，穿白汗褡，外套黑色坎肩，下穿黑色或蓝色裤子。冬天穿羊皮袄，多为褐色面子。逢喜庆节日戴礼帽，穿翻领大襟黑色条绒长袍，足蹬牛皮高筒马靴，显得威武潇洒。其长袍似藏袍，但较藏袍短并饰有彩色的边饰，扎长4～5米的腰带。老年束黑色腰带，中年人束灰色或紫色腰带，年轻人束红色或绿色腰带。腰带上挂著名的保安腰刀。有的还喜用绣花肚兜。男子节日的打扮正如"花儿"所描述的"皮袄的袖子斜搭上，十样锦腰刀挎上，大马骑上枪背上，高跟马靴穿上"。"十样锦"是最华丽的保安刀，刀柄上镂刻有精巧纹样。

2.妇女服饰

保安族妇女服饰随着时间推移而有所变化。在20世纪40年代，年轻女子多梳独辫，戴一种颇为别致的、俗称"西瓜皮"的帽子。其形为圆顶、大边、小口，红顶绿边，帽顶打皱褶。也有绿顶红边和半红半绿色的，帽的一侧吊有穗，穗上拴一荷包。青年妇女戴一种名为"达苏麻勒赫"的花帽，采用棉线钩成。老年妇女用白纱或白布包头。妇女服装较宽大，多为紫红色或墨绿色大襟长袍，下着大裆裤。吉庆时，年轻妇女穿大红、桃红或深绿裤子，裤脚上镶青、红、蓝三道边。喜穿绣花鞋，其中以"麻吾鞋"最为讲究，鞋头有一似猫非猫的动物形象，耳朵上还吊一穗子。老年妇女多穿朝鞋。

20世纪50年代以后，妇女服饰又有变化。年轻妇女爱戴用绿色丝绸制作的"绉绉帽"，帽顶为平顶，帽边为同色或其他色绸缎堆绉而成，上面绣花或缀以珠串、绢花、璎珞等，有的在帽子左边吊一束穗子，穗上还拴一绣花荷包。由于信仰伊斯兰教，妇女们出门时都戴盖头。姑娘戴绿色盖头，出嫁时在头顶处缀两条交叉的红绸带垂于背后，中年妇女戴黑色盖头，老年妇女戴白色盖头。喜庆节日时青年姑娘喜戴红、绿色礼帽。保安族妇女喜穿色彩艳丽的服装，年轻妇女穿粉红色或青蓝色的长夹衣，外套坎肩，长度刚过膝盖，称作"一锅烟"。其衣襟和衣袖都镶有不同颜色的三道花边：第一道窄，不足1厘米，第二道13厘米，第三道为"万字不断头"云字纹，花边色彩与服装匹配恰当。

（五）裕固族服饰

裕固族源于唐代回鹘，其后裔与汉族、蒙古族等民族长期融合而成裕固族，今主要聚居于甘肃省肃南裕固族自治县，大多信奉喇嘛教，主要从事游牧业。其服装面料多来自牲畜皮毛。过去所着的长袍、衣、裤多用光板羊皮缝制，只在衣领、袖口、衣襟和下摆处镶色布条或毛皮。服装款式与蒙古族接近，多着高领长袍，系腰带，戴毡帽。女子戴头面和辫套，喜着靴子。

1.男子服饰

裕固族男子一般穿用布、绸、缎或白褐子制成的大襟或斜襟长袍，长及脚面，系红色或蓝色腰带，下着单裤。头戴礼帽或毡帽，毡帽用白羊毛擀成，帽檐后卷，前檐成扇形，戴时前高后低。帽檐镶黑边，帽顶有图案。冬天戴狐皮风帽，穿高筒靴，有的穿双鼻梁圆头靴。老年男子多穿白褐子矮领长袍，下摆两侧开小衩，衣衩和下摆等处镶黑边，外套马蹄袖短褂。腰带上挂腰刀、火镰、火石、小佛像、小酒壶、鼻烟壶等物，并将短旱烟袋插于胸前。

2.妇女服饰

裕固族妇女身着高领、斜襟或大襟长袍，色彩多为蓝或白色，两侧开衩，领口、襟边、袖口、下摆处镶红色牙子和黑边，开衩处绣云纹图案。长袍外套色彩鲜亮的偏襟短夹袄（坎肩）。夹裙多采用大红、粉红、翠蓝、粉绿色缎子制成，束红、绿、紫酱色丝绸腰带，腰带两端垂于腰后两侧。腰带上常系几条色彩各异的方形手帕，并且戴上10厘米长的小腰刀、荷包等物。

裕固族妇女的发型和头饰有着鲜明的特点，承载着浓厚的风俗习惯。男女幼儿均要在1~3岁选择吉日举行隆重的剃头仪式。先请喇嘛念长寿经，再由舅舅和亲友们给孩子剪头，同时唱祝福歌，"金剪子剪头发，娃娃像金子般美好；银剪子剪头发，给娃娃带来金银财宝；铁剪子剪头发，娃娃长成铁疙瘩"。将孩子的头发只留头顶前面的一撮，其余剃光。剃头以后，小姑娘开始留发，并梳五条或七条辫子。十三四岁的少女则戴上美丽的额带"格尧则依捏"，一种在红布长带上缀饰有白色海螺圆片的头饰，带的下缘边用红、黄、白、绿、蓝五色的珊瑚或玉石串成多条珠穗，齐眉垂在额前，像珠帘一般。

已婚妇女都要戴"头面"（裕固族语叫凯门拜什）。出嫁时姑娘要将五条或七条辫子改梳成三条大辫，一条垂于背后，两条挂在胸前。婚礼前必举行戴"头面"仪式：将父母为女儿准备的华贵绚丽的头面分别系在三条发辫上，并装入辫套。头面由红色的毡或布做底板，用珊瑚、玛瑙、彩珠、贝壳、银牌等镶缀成图案钉在底板上。比较讲究的头面前面的每条分成三段或四段，用金属环扣连接。上段（垂于胸前）宽而长，装饰丰满；下面几段短而窄，装饰简略；最下端为彩色丝穗，整个头面长及地面。背后的头面比胸前的窄，戴在背后的发辫上。一般用青布做地，用红、黄、绿等丝绸镶饰边缘，上面再缀以白色海螺磨制而成的圆片"董"。头面以长和重为荣，重者可达3千克。戴上头面表明女子已婚，不得再结交异性。平时不戴辫套"头面"时，须用五彩丝线将前面两条辫子连在胸前，并饰以银质大环。关于头面的来历有一个凄美的传说：古时一座白山下住着一个白头目，他有一个勇敢、美丽的妻子叫萨尔玛珂。白头目手下的大管家野心勃勃地想当上头目，便挑拨白头目与妻子的关系，害死了萨尔玛珂。部落的人为了纪念她，姑娘出嫁时必须戴头面，头面镶嵌的红色珠子表示萨尔玛珂的乳房；白色海螺片表示萨尔玛珂的白骨；帽尖上的红缨表示萨尔玛珂的鲜血。

已婚妇女戴帽子，肃南以西明花地区的妇女戴尖顶毡帽，用白绵羊毛擀制而成。帽檐镶黑边，内绣狗牙花边，帽顶中央是精工绣制的红绿图案，帽尖饰红缨。东部康乐地区的裕固族妇女戴圆顶毡帽，用芨芨草秆或白羊毛线编织而成，形似礼帽，但顶要比帽顶高，呈圆筒状，顶部饰红缨。

（四）塔塔尔族服饰

塔塔尔族史称"达旦""鞑靼"，迁入新疆后散居于伊宁、塔城、霍城等维吾尔族和哈萨克族聚居地。多经营商业，少数从事农牧业和手工业。其文化与维吾尔族、哈萨克族有很多共同之处。服饰干净整洁，色彩艳丽。

1.男子服饰

塔塔尔族男女都喜穿绣花白衬衣，并喜用黑白对比强烈的色彩做服饰的基调，如城市的男子穿白色绣花套头衬衣，上面再套一件黑色坎肩或无扣的对襟黑长衣；亦喜戴黑白两色的绣花小帽；下穿窄腿黑色长裤，并将裤腿扎进高筒皮靴内，行走起来显得格外矫健洒脱。塔塔尔族男子冬季穿长及膝的皮大衣或棉大衣，戴黑色卷檐的羔皮帽。农牧区的男子与城镇的着装大体相同，喜穿圆领衣，领口、袖口、胸前挑绣有几何纹的图案，色彩和谐，下穿青布长裤，外套黑色齐腰的镶边背心。白衣青裤色彩对比强烈，并含有特定的意义：白色象征乳汁、羊群，青色代表山峦、蓝天。头戴黑白两色的绣花小帽，也戴色彩艳丽的红色小帽。冬季则戴黑色毛皮帽，放牧远行时穿长筒皮靴，劳作时穿自制的"牛皮窝"，腰间扎布带或皮带。

2.妇女服饰

塔塔尔族妇女多穿白色或紫、黄、粉红等色的连衣裙，裙长过膝，裙摆宽松，并镶有层层荷叶边，袖长及腕，其上部窄，亦有层层宽大的荷叶边，式样新颖别致。外出时套深色的坎肩或西服上装，头戴镶有珠花的小帽，有的外加一条披巾，多为白色。即使不戴小帽，也必须戴上披巾，披巾大小有别：年轻妇女的披巾小巧，从前至后将头发拢住，扎头巾的样式很多，有的将额前头发扎束成高耸之式，更显人俏丽。中老年妇女披巾宽大，披在头上，后面的一角可垂于臀部或大腿处，色彩多为白色。农牧区妇女穿色彩鲜艳的连衣裙，扎各色式样的花头巾，很少戴帽。

塔塔尔族妇女喜用各种金银首饰打扮自己——耳环、手镯、戒指、项链都是不可缺少的装饰品，并且将银质钱币钉在服装上。头发梳成两条辫子，再系上银币或特制的金属牌，成为别具一格的装饰。

（五）乌孜别克族服饰

乌孜别克族的族名来自14世纪蒙古帝国的乌孜别克汗，以后成为族名。该民族散居于新疆维吾尔自治区的各城市，在伊宁、塔城、乌鲁木齐较集中。主要从事手工业和商业，少数经营农牧业。风俗习惯与维吾尔族、哈萨克族有许多相似之处。

1.男子服饰

乌孜别克族男子服饰多为套头小立领绣花衬衣，下穿长裤，腰束用绸缎或棉布制的绣花腰巾，外套是与维吾尔族"袷袢"相似的无扣无袋的长衫——当地人称为"托尼"。过去多用质地较厚的锦缎、金丝绒或青、黑布制作，现在多选用各种毛料。长袍的边缘绣红色、黄色、黑色等花边，胸前两侧多插包式的开口，也镶绣有边饰，双手可以由此伸出。青年男子的长袍色彩较鲜艳，老年人的长袍以素色及深色为主。冬天外穿皮毛大衣，脚蹬马靴和胶质套鞋，头戴皮帽，显得英武、潇洒。

2.妇女服饰

妇女喜穿连衣裙，当地称其为"魅依纳克"。裙宽大、多褶，不束腰带，衣裙花色亦十分艳丽，在连衣裙外套一件绣花的小坎肩或深色上衣，衬托出连衣裙的花色，使其更为鲜艳夺目。老年服装多用黑色、深绿或咖啡色，显得更为沉稳、端庄。乌孜别克族传统服饰中还有一种"帔衫"，领襟下摆处均镶嵌有花边，两侧有长菱形的图案和开口，形如插包，披在身上时两手可从这里伸出。而两只袖子披在背部形成特殊的装饰，袖子极窄小，仅6厘米左右，手无法伸进。袖子的上面装有花边和彩穗，穿着时从头上披裹全身，极具特色。

连衣裙外套镶有花边的长袍，下着长裤，全身上下色彩和谐，衣着别致。按照传统的宗教习俗，过去妇女从结婚之日起，出门时必须头蒙面纱，乌孜别克语称为"阿赫瓦兰"或"阿兰结"，意为"将全身遮盖"，即身披斗篷，从头到脚身体不能外露。而面纱上的目孔也要用马鬃织成网子遮挡着，因此有人称"苍蝇也难看到乌孜别克族女子的脸"。现在这种装束在城市里已经很难看到。

乌孜别克族的男女老少均喜戴小帽:青年男子戴红色等色彩鲜艳的小帽,老年男子则多戴墨绿、青蓝等色,冬天戴皮制或毡制的帽子。妇女戴紫红、金红、枣红等色的金丝绒或平绒制作的小帽,帽形棱角明显,富有立体感,帽冠四周绣满花纹。如不戴小帽则系扎方巾。有些妇女则常在小帽上罩以花披巾,或披上披巾再戴一绣花小帽。男女老少所戴的花帽多为"塔什干花帽"和"安集延小帽"。塔什干花帽溢红流丹,色彩耀目,因源于塔什干而得名。现在以和田地区的制品最为著名。

乌孜别克族人一般均穿皮靴,外加浅帮套鞋。高筒绣花女皮靴工艺精细,是乌孜别克族的著名手工艺品。伊宁出产的"八思马克"贴花女皮靴色彩明快,工艺精湛,是节日盛会或亲友互访时妇女们必穿的服饰品。

(六)哈萨克族服饰

哈萨克族主要居住在新疆维吾尔自治区伊犁哈萨克自治州、木垒和巴里坤等哈萨克自治县,小部分生活在甘肃省阿克塞哈萨克自治县等地。多信仰伊斯兰教,主要从事畜牧业。

哈萨克族人长期逐水草而游牧,主要生活在山区草原及高寒地区,服装以羊皮、毛布、山羊绒、狐狸皮为材料,用松树皮、草蓟、海娜等天然植物染料将兽皮染制着色,再刺绣花纹和图腾纹样。服装服饰以及生活用品都表现出便于骑乘游牧的特征,富有浓郁的草原气息。如哈萨克族男子随身挂于腰间皮带上的羊皮酒壶,既是精美的服饰配件,又是便于携带的生活用品。服饰在审美特征上也体现出哈萨克族人特有的粗犷、豪放气概。女子服饰讲究色彩艳丽,男子服饰追求潇洒大方。他们崇尚白色,其先民曾以白天鹅为图腾。过去,哈萨克族贵族自称为"托列"("白骨头");称普通牧民为"哈拉"("黑骨头"),有贱民之意。妇女生育子女后要戴白色的"兹拉乌斯",其形大而宽,可遮住头、肩、腰,甚至臀部以下,犹如白天鹅的翅膀。

1.男子服饰

哈萨克族男子内穿合领白色衬衣,领口至胸部均绣有图案。下穿平绒长裤,膝盖和裤脚处补绣花纹。衬衣外常套一件绣花坎肩,外出时男女老少都要戴帽。平时戴圆形绣花小帽。帽子种类很多,盛装时戴尖顶丝绒绣花帽,是过去汗王戴的帽子。冬天戴尖顶四棱狐皮帽，两侧有护耳，帽后檐垂下，帽冠呈三叶状，称"三叶帽"。夏天戴白色毡帽，有黑色的四棱，帽顶还有一丝穗装饰，帽檐上卷，四周镶黑色的边，称为"四匹瓦帽"。

阿勒泰和伊犁地区的哈萨克族男子夏季穿的用深红色或深蓝色的丝绒制作的长大衣非常华丽，在大翻领、衣襟和袖口处均补绣卷草状的花纹。头上戴与之配套的尖顶高筒宽檐大帽，显得颇为英武。冬季则穿皮大衣，一般用老羊皮缝制，其中带有布面料的皮大衣称为"衣席克"；不带布面的光板皮大衣称为"翁桶"，下雨天可当雨衣使用。经常穿用的还有狐狸皮大衣、狼皮大衣、小羊羔皮大衣、长羊毛皮大衣等。伊犁地区特克斯的哈萨克族男子穿的扎花麂皮大衣纹饰精美，在门襟和下摆均饰有花纹。有的羊皮外衣还有背饰，图案色彩多用对比强烈的红、蓝、粉绿和淡黄。其款式大部分为圆领斗篷式，门襟无扣，长至膝部，领子用水獭皮或狐狸皮毛制作。穿着大衣时腰束皮带，是用较硬的牛皮做成的，皮带上镶有珍珠、玛瑙等饰物，左侧悬皮囊装饰品，右侧佩小刀、酒壶、打火石、烟袋等，皮带上附饰若干小环扣，走起路来叮当作响。

哈萨克族儿童如举行割礼等盛大活动亦穿着盛装：头戴绣花尖顶帽；上衣内穿合领绣花衬衫，外套坎肩；下穿绣花长裤；外套绣花袷袢。

2.妇女服饰

哈萨克族妇女长期生活在高山草原地区，空间辽阔，光照强烈，与之相适应的服饰色调以浓艳明丽为主。她们喜着连衣裙，其裙子种类繁多，有长裙、短裙、百褶裙、筒裙等。年轻少女穿喇叭裙、下摆有三四层荷叶边的连衣裙，头戴绣花小帽，帽上插着的天鹅羽毛，更显出哈萨克族少女飘逸健美的体态。她们也喜爱在浅色的连衣裙外套上深色的绣花长坎肩，使服装有更多的变化，腰上系绣花腰带或系镶有宝石、金、银的皮带。

出嫁时新娘服装特别漂亮，要穿红色的连衣裙，戴红色绣花尖顶帽"沙吾列克"，帽上有羽毛状、卷草纹的绿色图案。亦喜穿全身白纱的嫁衣，既传统又时髦：身穿白色绣花连衣裙，头戴尖顶白色高帽，上面用珠串和银线绣花，头顶装饰白天鹅羽毛，整体显得轻盈而素雅。白色象征高贵、纯洁，这与哈萨克族崇尚白色，以白天鹅为图腾有关。这种服装穿到婚后一年再换上日常生活装。生活装简朴，衬衫外套坎肩，包花头巾，色彩多为红色调，老年妇女则包白色或深色头巾。已婚妇女的发式也很奇特，头部后面是短发，前侧留长发，梳成辫子垂在胸前。生育孩子后或到中年，则将花头巾换成"克依米塞克"的白盖头。

象征着哈萨克族妇女年龄与生育状况的白盖头是由两部分组成的。一是"克依米塞克"，为白色绣花套头衫似的盖头，套在头上遮住头、颈、肩和腰部，只露出面部。二是"兹拉乌斯"，戴在额前和头顶处，它是按头部大小缝合好的白色绣花头巾，顶端自然下垂于腰背处。这样既保暖，又能阻挡风沙的侵袭，并起到美化作用。盖头靠近脸庞、胸部、前额和头顶处，均绣有美丽的花纹，使得妇女的脸庞显得更秀丽。

老年妇女的盖头不再绣花，仅为白色。老年妇女戴上盖头显得庄重朴实。哈萨克族少女则喜戴圆形的、色彩艳丽的皮革或平绒圆筒帽，上面用串珠、银片绣上花纹，帽顶一般插白天鹅或猫头鹰羽毛。哈萨克族人视猫头鹰为吉祥之鸟，常用它来比喻人的勇敢与聪慧，一个好的哈萨克族猎人往往被称赞为"有一双猫头鹰的眼睛"。由于对猫头鹰的特殊喜好以及为了表达对少女成长的祝福，猫头鹰的羽毛成为少女头上的装饰品。

北疆是新疆的高寒地区，冬季在-40～-30℃之间，穿皮裤和皮靴以保暖特别重要，因此，哈萨克族男女老少都喜穿皮裤、皮靴。妇女的皮裤上面也补绣有美丽的花纹，装饰在裤脚处。紧腿的裤口外侧开衩，开衩处饰以与之相适应的花纹，显得非常得体。同时靴还套上套袜，以达到更为保暖的目的。皮靴分为两种，一是高跟长筒皮靴，靴筒高过膝盖，靴靿、靴面和后跟处均绣有与毡袜上的图案相适应的图案；另一种是夏天穿的靴子，靴底薄而软，后跟、靴面和靴靿处也绣有图案，内穿单袜或裹脚布。狩猎时穿的靴子后跟很低，有包头，轻便柔软。"皮毡窝窝"是北疆和山区农牧民常穿的简易鞋，采用牛皮做底、鞋面用毡，特点是简便、轻软、防潮。

（七）俄罗斯族服饰

俄罗斯族主要居住在新疆维吾尔自治区的伊犁地区，部分散居在塔城、阿勒泰、乌鲁木齐以及黑龙江省和内蒙古自治区等地。大多从事修理业、运输业和手工业，兼营农业或养殖业。

该民族服饰及生活习俗既沿袭了本土俄罗斯族人的传统，又受当地聚居的兄弟民族的影响。俄罗斯族男子多戴黑呢有檐帽，帽檐较短浅，中部为立箍，前半部有皮圈，皮圈两端以铜钉固定于帽的两侧，迎风时可将皮圈放下扣于颏下。20世纪以来，男子喜戴鸭舌帽，戴时习惯将其歪向一侧，以增随意的风度。城市中男子有的喜戴毡制礼帽。农村中的老年人多戴毡帽，冬天则戴剪绒皮帽。严冬时戴一种被东北人称为"三块瓦"的皮帽，皮帽两侧与额前都附有毛皮，两侧还可以翻下护耳以御寒。

1.男子服饰

俄罗斯族男子的传统服饰在夏季多为白色衬衫，其特点是整体宽松，两袖筒肥大，有些衬衫的袖与肩的连接处打裥，穿后显得两肩宽阔而魁梧。

领襟处为半开襟的立领，即在领子的正中处或偏左3厘米处开直衩，长约30厘米，穿时由头套下。衣领、门襟、前胸、袖口及腰处绣有宽4厘米的精美花边，有几何纹或花草纹。衬衫腰部系带，带头打成花结，悬垂于右前侧。下身穿长裤，裤腿宽大，有些在踝部收束如灯笼裤，脚穿半高筒皮靴，后跟厚实。冬天则穿高筒皮靴或毡靴。有的在靴外套以胶鞋，便于在泥泞土路上行走。农民则喜穿用桦皮编织的鞋。外衣多为开衩长袍，冬季则穿毛向里的皮大衣或棉大衣，皮板向外。

2.妇女服饰

俄罗斯族妇女未婚者多梳辫子，小姑娘梳双辫，大姑娘梳独辫，并系扎蝴蝶结。已婚妇女则梳发髻，并喜用披肩从头至肩披裹住上半身，这成为俄罗斯妇女服饰的最大特点。披肩为色彩鲜艳的毛织带穗方巾或两头带穗的长巾，平时披在肩上，外出时则连头至肩披上，在颏下打结。老年妇女披肩特别大，年轻姑娘则用质地轻薄的方巾。过去，姑娘们每逢节日就在额上加一半月形的额饰，额饰上镶嵌有珠宝。冬季的贵族妇女外出时，常戴筒形的绣花帽，帽顶用围巾连头包住，在颏下系结，让帽前的绣花露出。

被称为"布拉吉"的连衣裙是俄罗斯族妇女四季均要穿着的服装。裙内穿长裤，裤管扎入长筒袜内。有的地方在连衣裙外加罩一件无袖的对襟长袍，用一长排纽扣系拢。年轻妇女的无袖长袍两侧开衩。着装时善于色彩的搭配，穿浅色连衣裙配上深色长坎肩。白地织红、黑花纹做成的花连衣裙更具有俄罗斯民族的特点。在肩部、前臂、领襟处均有红色的织花，腰部系黑围裙和红色织花带，戴多串红、黑等色的项链，更显风韵绰绰。老年妇女亦穿布拉吉，只是不再束腰，显得更随意自在。头上包一条红头巾，仍显生机勃勃。

（八）撒拉族服饰

撒拉族主要聚居于青海循化撒拉族自治县和化隆回族自治县。在青海其他地区，甘肃积石山的保安族、东乡族、撒拉族自治县、夏河县以及新疆维吾尔自治区的乌鲁木齐、伊宁等地也有少量的撒拉族居住，信仰伊斯兰教。

撒拉族服饰与其族源关系密切。其先民在13世纪中叶由中亚撒马尔罕地方迁移到今青海循化安居。元代至清代该民族服饰仍保持着中亚游牧民族的特点，男子头戴卷檐羔皮帽，脚蹬半勒靴，身穿右衽斜襟无扣的"袷木夹"（类似维吾尔族的袷袢）。腰系丝绸或布腰带，上挂15～25厘米长的腰刀，下穿大裆裤。妇女头戴青梭布，身穿长裙，脚穿长靴。由于该民族生产方式的转变，即由牧业转为农业，其服饰在清代也发生了很大变化。撒拉族吸收并融合了当地回族、汉族服饰文化，形成了一种独特的民族服饰。

1.男子服饰

撒拉族男子服饰与回族、汉族服饰相近。头戴白色或黑色小圆帽，宗教职业者或老年穆斯林做礼拜时头缠1米多长的白布头巾"达斯达尔"。青年男子多穿白布汗袷（对襟汗衣），外套青布夹袷（坎肩），穿蓝色长裤，腰系红布、红绸或花布带。有的还穿绣花布袜，系绣花围兜。壮年男子多穿宽大的短褂，或较狭窄的青蓝色长衫，系腰带，穿布鞋。老年人多穿长衫"袼"，它用青布做成，长及脚面，两侧开口，较汉族长衫窄。冬天穿老羊皮袄，有的用黑羊羔皮或白羊羔皮做大襟，或穿褐子衣服。脚穿圆口布鞋或者牛皮做的"洛提"。"洛提"是撒拉族地区的鞋，船形，用手工制成，用粗的鞋带皮绳将口抽缩成包子状，里面装草取暖，晴雨两用。

2.妇女服饰

撒拉族妇女头戴盖头，正如民间谚语称"'丫头'不露面，媳妇盖住头"，女性戴上盖头才能出门，是由伊斯兰教妇女的面纱演变而来的，像风帽，用丝绸、纱绒做成。少女戴绿色盖头或头巾，25～50岁戴黑色盖头，50岁以上或亡夫者戴白色盖头。可先戴白帽、花帽后再戴上盖头。妇女均留长发，未婚女子梳独辫或双辫并戴上绢花、花发夹。婚后挽髻插银簪。青年妇女喜戴一种特别的头面，用全银制成，额前有4～6支仙鹤银饰，鹤下有垂于鼻梁的眼穗。戴耳环，环下缀有三个小铃。有部分妇女额头、手背刺蓝色梅花纹为饰。

撒拉族妇女上衣按宗教礼俗的要求必须过膝。在家时穿衬衫，外套短夹袄或夹袄，外出时穿长衫，大襟右衽、高衩、细腰紧身，有时，外套与长衫一样长的坎肩。妇女服装配搭色彩鲜艳，如红色衣服配上绿色夹袄，夹袄上又钉红色纽扣。有的妇女还在上衣纽扣上戴上绣花针线荷包。所着长裤多为桃红、翠绿和蓝色，有的还喜穿长裙，镶饰黑边，穿绣花鞋。

3.婴儿服饰

撒拉族婴儿出生后穿"干格吕希"的白色小衣服，没有领、袖和纽扣，表示刚降到人间的生命是圣洁无瑕的。有的人家还给孩子颈脖上戴三角形的白色护符，内装经文，撒拉语称"图木尔"，用以避邪驱鬼。女孩会走路时开始穿花衣，扎小辫。

三、西南地区少数民族服饰

（一）羌族服饰

羌族主要分布在四川省阿坝藏族羌族自治州的茂县、理县、黑水县、松潘县，甘孜藏族自治州的丹巴以及绵阳地区的北川县等地。多聚居于高山或半山台地。

羌族是我国最古老的民族之一，是华夏民族重要的组成部分。殷商时期甲骨文对该民族就有记载。羌族在漫长的历史长河中演化出许多支系，发展成为藏缅语族的若干民族。从羌族的服饰特点以及服饰深层的文化内涵，均可找寻到它与西南各部族的渊源关系。如羌族服饰上由崇敬火而形成的火镰纹，崇拜白石进而崇尚追求白色的服饰，以羊为图腾进而形成喜着羊皮坎肩、在衣裳上绣饰羊角花的种种习俗，这些服饰文化在藏族、彝族、白族、傈僳族、景颇族等不少民族的服饰中均可看到。

1.羌族服饰发展概述

汉代许慎在《说文解字》中称"羌"为"西戎牧羊人也，从人从羊"。古羌族人曾创造了灿烂的牧业文化，他们是最早将野羊改良为绵羊的民族。《禹贡》所述的"织皮"就是指羌族人制成的连毛绵羊皮。他们用石英制成的"玉刀"割羊毛，搓拧成毛线，织成"毡子"，史称为"褐"。古时羌族人曾将

"褐"作为重要的商品输入中原地区。《周书·异域传》《北史·宕昌传》都记载宕昌羌族人"皆衣裘褐"。西夏元昊统治时期，党项羌人的衣着原料也多为畜产品，如戴毡帽，穿毛布衣或皮衣，腰束带，上挂小刀、打火石等物，穿皮靴。

西夏地处"丝绸之路"的交通干线，中原的锦、绮、绫、罗之类丝绸品源源不断地输往西夏，受其影响，西夏上层男子穿团花锦袍，妇女穿绣花翻领长袍，与原先的皮毛蕃装大不相同。到了清代，羌族人的服装形制已基本形成，与今日羌族服饰大体相似。

2.羌族服饰的区域特征

羌族人主要居住在青藏高原东部边缘的岷江流域，境内河谷纵横，群山逶迤，气候寒冷，温差较大。该民族的服饰形制基本相同，如男女均包头帕；穿麻布长衫，男衫长过膝，女衫长至脚背；长衫外喜穿羊皮坎肩，俗称"皮褂褂"；下着长裤；男女老少都喜穿"云云鞋"；腰系腰带、通带，女系围腰，其款式有满襟（长）围腰，半襟（短）围腰，上面均用精致的挑花、锁绣工艺形成美丽的纹样。

（1）男子服饰。

羌族男子服饰的基本形制是：头包黑色或白色头帕，穿白色长衫和皮坎肩；腰系绣花裹肚和腰带，裹肚多为黑色或白色，上绣彩花，纹样精美，是男子最贴身的装饰品；下穿长裤并用毡子或麻布打裹腿。男子长衫随着不同的活动，穿着会有所变化。例如劳动或跳舞时年轻的羌族男子将前襟下摆中间部分提起，用腰带拴在腰间，称为"一把伞"；走亲戚、赶庙会时男子的着装又称为"一杆旗"，即将长衫后摆的一角提起拴于腰间如一面旗帜。因为这两种着装方式均将打上绑腿的双腿显露出来，因而不仅便于活动，而且给人以精干剽悍的英武之气，盛装时羌族男子系彩色通袋和子弹袋，其两头有正方形的绣花或挑花图案，内装钱物，捆于腰间并在背后打结。穿素雅的"云云鞋"。

（2）妇女服饰。

各区县羌族妇女服饰变化较多，变化主要在上装和头帕部分，其色彩、花纹和着装方式上均形成各地区的特点。一般下装穿长裤。

①茂县羌族地区服饰。

a.茂县羌族妇女服饰基本形制。

头缠黑色绣花头帕；穿大襟长衫，其袖口、门襟、前后摆均绣花纹；外套绣花坎肩；腰系黑地绣花围腰；戴银锁、银链等首饰，领上也用银花装饰。绣花头帕的纹样绣于两端，多绣犬齿纹、寿字纹、八瓣花等图案。有的头帕图案是用"撇针绣"绣成如织锦般的图案。绣花围腰内容和纹样非常丰富，有"围城十八层""八猫护城"等图案，一般是在黑布上绣彩花，也常用白线在黑地上锁绣或挑花，黑白对比强烈，如银丝盘结一般。其布局严谨，围腰中心图案称为"火盆花"，即宽边方形套圆形的单独纹样，上端和两边挂"牙签子""灯笼须"纹；腰围下边是"大花盆"纹样；两边到下摆是连续纹样和转角。整个围裙的图案布局有主有次，相互对应，虚实分明。

茂县羌族妇女所着的绣花坎肩也很别致，其对襟和侧缝开衩处均补绣有如意纹，内套绣蝴蝶等纹。有的在前襟边缘和侧缝开衩处绣成精美的蝴蝶纹，做工极为细腻。

b.茂县三龙、凤仪、赤不苏的羌族妇女服饰。

茂县三龙和凤仪的羌族妇女头饰为方头巾，其形如彝族的"一匹瓦"，戴于头顶，用发辫缠上固定。她们穿天蓝或红色的大襟长衫，门襟和袖口处均绣多条花边图案；穿绣花鞋；系绣花围腰和花飘带。赤不苏是保留羌族风俗最浓厚的地区之一，当地妇女以善制红色彩绣著称，她们喜着红色绣花大襟长衫，头饰仍为"一匹瓦"状的黑色绣花方巾，系宽腰带，多为黑色或红色。

c.茂县黑虎乡羌族妇女服饰。

茂县黑虎乡妇女的服饰与上述地区形成极大反差，她们无论日常装还是盛装皆缠白色的头帕。头帕包法极为特殊，同时采用两条白长巾包头，缠成后要留两个帕头在脑后，并且下垂于背部，如吊孝头帕一般，因此被称为"孝帕式"。据说这种头饰流传下来是为了悼念他们的民族英雄——黑虎将军。她们只有在婚嫁或喜庆日子才换包彩色的绣花头帕。她们平时多穿白色的绣花麻布长衫或蓝色长衫，外套黑色无花坎肩，青年女子下着红色长裤。

②理县羌族妇女服饰。

理县妇女的服饰为：头包黑色头帕，穿蓝色或黑色大襟长衫，外套绣花坎肩。该地区紧接藏区，受藏族服饰的影响较大，是羌族人中佩戴饰品最多者，如蒲溪乡的羌族妇女，颈部要佩戴银项圈、银锁、银坠。她们在长衫的领部也饰上一枚枚银花、银罗汉。而理县桃坪的羌族妇女服饰则与之截然不同，她们头包的白帕是折成条状的，然后整齐地在头上缠成盘状，前额处露出一截帕头，如帽檐般使之更有变化。少女多穿绿色绣花长衫，系黑色花围腰，外套红色的绣花坎肩。已婚妇女则穿较素雅的墨绿色绣花坎肩，而绣有红花的围腰则成为服饰的重要点缀。若穿红色长衫，坎肩也多为庄重的黑色，绣花围腰也为黑地，全身搭配红装素裹，更显俏丽。从服饰色彩搭配上能显示出羌族妇女成熟的审美修养。

③汶川县羌族妇女服饰。

汶川县可分为龙溪、羌锋、绵池、雁门等地。羌锋妇女以大包头为特点，穿深蓝色大襟绣花长衫，系满襟或半襟围腰，穿黑色绣花长裤。老年妇女用白头帕将头发全包住，不留一丝头发在外，头帕高耸于前额更显端庄朴实；腰系黑色大围腰，两个绣花包特别鲜艳突出。雁门地区妇女包黑色或白色头帕，并流行一种"喜鹊头帕"，即黑头帕又露出小块白色，黑里透白，如白头翁的头部，又像喜鹊般黑中露出白色腹部。头帕的包法多种多样，有的是十字形，有的呈波浪形，人们以此代表所居住的不同村寨地区。

3.羌族服饰的文化内涵

羌族服饰保留着原始崇拜的遗风。如崇羊、尚白、拜火、敬太阳的信仰在他们的服饰中均有表现并传承至今。这种文化不仅使羌族服饰丰富多彩，更具有历史的厚重感和神秘感。它让我们从这些服饰中更深刻地理解到一个古老民族在历史长河中所经历的艰难历程和丰富的文化内涵。

（1）崇羊。

羌族人以羊为图腾。羌族自称"尔咩""尔玛"，这可能是以羊的叫声为自称，与古羌族人崇羊、以羊为图腾的古老文化有关。羊神是羌族崇敬的十二神之一。羌族人与羊的关系密切，他们吃羊肉，穿羊皮，用羊毛线。有民族特色的服饰"羊皮坎肩"是羌族男女老幼人人皆穿的服饰。举行成年礼时巫师"许"将白色羊毛线拴在被祝福者的颈上，以示羊神的保佑。老人去世时要杀羊为死者领路，将羊血洒在死者的手上，并且祈祷死者"骑羊归西"。羌族巫师的服装和法器很多都与羊有关，他们做法事时要在白长衫外套羊皮坎肩，敲羊皮鼓，卜羚羊角卦方能通神等。羌族妇女的围腰、头帕上常绣有"羊角花"纹样，"羊角花"是高山的杜鹃（彝族称之为马樱花）。羌族民歌传唱有"天上最美羊角花，羊角开在尔玛家"。据说，远古时代羌民不分男女住在一起，过着群婚式的原始生活，因此，触怒了天神。天神派女神俄巴巴西到杜鹃花丛中，让投胎的凡人必经她那里。男人从她右边走过时会得到一枝杜鹃花和一只右边的羊角，女人从她左边走过会得到一枝杜鹃花和一只左边的羊角，凡是拿了同一头羊的羊角的人才能结为夫妻。从此，羌族人称杜鹃花为"羊角花"，又叫"姻缘花"。妇女的围腰上常绣上有卷曲羊角的花纹，以及盛开的杜鹃花图案。

（2）尚白。

羌族崇尚白色，以白为吉，以白为善。祭祀时以白石代表神灵，白石是羌族地区随处可寻的白色石英石，羌族人称之为"阿渥尔"。传说，白石是古羌人战胜戈基人的重要武器。白石能保留火种，《蒙格西取火》的民间故事讲述的是英雄然比娃历尽艰辛到天庭偷火，最后偷学会了敲击白石的取火方法。火对于一个游牧民族非常重要，这个优美动人的传说以及对白石的崇拜便一直在羌族中流传下来。

在羌寨，可看到家家户户屋顶上供奉着白石，羌族人用它代表天神、地神、山神、树神、家神等十二个神灵。羌族人正月初一拿白石进屋象征进宝招财，正月串亲戚送白石象征送财宝。在羌族文化中白石代表着无穷尽的财产与宝藏。

羌族服饰的白色崇拜源于白石崇拜，他们以白石为吉祥、幸福的象征，是真、善、美的标志。尚白的文化意识长期保留在羌族的服饰上，如包白色头帕，穿白麻布长衫，套白羊皮坎肩，打白绑腿，尤其是黑虎乡妇女服饰，皆以白色为主。

（3）拜火。

羌族人家家户户设有火塘，即祭火神之神位，是家中最圣洁的地方。火塘里的火种，长久保存不熄，称为"金炉不断千年火，玉盘常点万代灯"。羌族人以它象征烟火不断，人丁兴旺。火塘内有三块白石，分别代表火神（木姑色）、男宗神（活叶色）、女宗神（迟依色）。羌族人节日庆贺时围着火塘跳"沙朗"，人去世后实行火葬，认为火会将人的灵魂引入天国。

羌族人对火的崇拜同样表现在服饰上。男性长者腰上必挂一小火镰，既是实用品也是装饰品。由火镰的形象发展而成的"云云鞋"，坎肩上的火镰纹，是由羌民族早期对火的崇拜衍生而来的装饰形象。云云鞋的主要纹样是火镰纹，有的在鞋面、足跟处绣上一正一反的火镰纹，有的是火镰纹中穿插上其他花草纹；有的用纳纱绣成连绵不断的火镰纹。它们都是羌族姑娘一针一线绣成的，是姑娘送给男方的定情之物，正如羌族民歌所唱："我送阿哥一双云云鞋，阿哥穿上爱不爱？鞋是阿妹亲手绣，摇钱树儿换不来。我送阿哥一双云云鞋，阿哥不用藏起来。大路小路你尽管走，只要莫把妹忘怀。"给老人穿的是白地黑色的、带有火镰纹的云云鞋，有的鞋尖上还绣有一寿字。

（4）敬太阳。

羌族人尊太阳为十二神之一，认为太阳神和天神最大，是主神。羌族人视太阳如火一般重要，羌语称晒太阳为"木色石国"，直译为"烤火热"，将太阳与火视为一体。每逢十月初一，羌历年节的祭祀活动中要唱一首颂歌"喊太阳"，是以感谢太阳带给大地的光明与温暖为主的。

羌族服饰上的太阳纹屡屡出现，如日月纹挑花尖角飘带，两个圆形的纹样，一是黄、紫、红线绣折线，以示光芒四射的太阳；另一个是光芒微弱的月亮，旁边配以星纹。羌族织花带有五十多个图形，其中以万字纹为基础组织的图形最多。据羌族人介绍，这些图形是羌族最早的文字，因此，当地妇女衡量织带进度为织了几个"万"。万字纹与太阳崇拜有关。早在五六千年前的甘肃、青海等地新石器时代遗址的彩陶饰纹就有万字纹的出现，这些地区正好是古羌人繁衍生息的地方。神奇的纹样赋予织花带无比的"魔力"：它被认为可以驱邪避凶，姑娘出嫁须用织花带捆扎嫁妆，才能保持圣洁免于受玷污；将它搭在病者床上可使之早愈；它还是男女青年的定情之物，时时系在腰间。其系法男女有别，男子带穗垂于左或右前方，女子垂于身后。

羌历年节时若遇庄稼丰收，人丁兴旺，羌族人还会在寨子墙上画白色的万字纹以示庆贺。在羌族，万字纹成为阳光普照的象征，它为世间万物带来蓬勃生机与希望。

（二）藏族服饰

藏族主要分布于西藏、四川、青海、甘肃、云南五个省区。居住面积约占全国国土总面积的四分之一，主要从事农业和畜牧业。藏族人民大多信仰喇嘛教。

1.藏族服饰发展概述

藏族，其人民自称为"蕃"，由西藏吐蕃和部分古羌人融合而成，历史悠久。在距今四千余年的"昌都卡若遗址"中出土的精致骨针，表明当时卡若人已具备了较高的缝制衣服的技术。与骨针同时出土的五十余件饰品是以石、玉、骨、贝为材料制成的笄、璜、环、珠、镯、项链等服饰配件，这些都显示了卡若人已掌握了熟练的服饰加工技艺和特定的服饰审美情趣。

自第33代藏王松赞干布建立了吐蕃王朝后，藏族服饰得到了进一步完善，逐步形成了贵族服饰的制度化。文成公主远嫁西藏，带去了中原文化和大量的能工巧匠；其中包括丝绸、刺绣等。这次汉藏联姻促使了汉藏服饰文化的交融。松赞干布穿上唐太宗赠送的袍服，成为第一个穿汉装的吐蕃赞普。他目睹中原华美的丝绸服饰品，便去掉毡裘，改穿绢绮，并且接受文成公主的建议，通告藏族人革除褚面之俗。自此，每年蜀中锦工必织造"蕃客锦袍二百领"（见《唐六典》），以供应藏族诸部族君长之需。

元明时期，摄政王罗桑土登就各级贵族的服饰做了规定，如晋见达赖必须着前胸绣有一龙的墨绿色"金希窝那服"；大贵族夫人才能带"木第巴珠"（珍珠冠），一般贵族夫人戴"曲鲁巴珠"（珊瑚冠）。

清代，藏族宫廷服饰渐趋华丽、繁复，内地的服饰也颇受藏族人青睐。清乾隆时《皇清职贡图》有彩绘的藏族男女人物，原图注"男戴高顶红缨毡帽，穿长领褐衣，项挂素珠。女披发垂肩，亦有辫发者。或时戴红毡凉帽，富家则多缀珠玑以相炫耀。衣外短内长，以五色褐布为之"。

今天，在节庆活动中可以见到藏族的传统服饰，如藏族男子戴的红缨顶盘式帽，被称为"蒙古王公帽"，是继承了元代的遗制；卫藏地区妇女戴的"巴珠冠"也是古老服饰的传承。

2.藏族不同区域的服饰形制和着装方式

根据藏区不同的地理位置、语音及生活方式、习惯，可以将其分为四大区域。第一，卫藏地区，该区以拉萨、日喀则为中心，是林芝以西的西藏大部分地区。第二，康巴地区，是以昌都、德格、巴塘三角地带为中心，包括西藏林芝、昌都专区、青海玉树藏族自治州、云南迪庆藏族自治州等川、青、滇、藏的交界地区。第三，安多地区，是以甘肃夏河为中心，包括四川的阿坝藏族羌族自治州、甘肃南部藏区及青海东南部藏区。该区基本以畜牧业为主。第四，嘉绒地区，是指四川阿坝藏族羌族自治州的黑水、马尔康、小金以及甘孜州的丹巴等县，人数相对较少。这四个地区不仅语言与生活习俗有差异，服饰也各有特色。概括来讲，卫藏服饰雍容华贵，康巴服饰粗犷英武，安多服饰富丽堂皇，嘉绒服饰古朴端庄。各区域内的服饰也不尽相同。县与县、乡与乡之间，其服饰也有差异。因此，西藏人民的服饰有着显著的地域性和等级性。例如，单就冠服来讲，卫藏地区常见的男帽为金花帽，即用织金锦缎与獭皮制成；藏北男帽有红缨毡帽，又称"蒙古帽"，为白色高顶大檐，顶端红缨装饰。

藏族男女均喜戴礼帽。在过去，藏族不同地区戴的帽子有三十余种，现在已不再严格区分。常见的藏靴之一是氆氇软帮靴，称为"松巴靴"。农区常见的"松巴靴"是以黑色为地，上饰红绿氆氇条。软帮上绣花纹是氆氇藏靴中的上品，只有妇女喜庆时才穿用。僧尼穿棕红色的氆氇靴。另一种常见的藏靴是高筒彩缎靴，又称蒙古靴，是过去贵族、官员、高僧们穿的靴子。另外，牛皮连底靴，帮大脚肥，靴筒上部饰红氆氇，底帮为牛皮，脚尖上翘，是高僧和藏北牧民穿用的。

（1）雍容华贵的卫藏服饰。

①男子服饰。

卫藏地区的男子服饰注重质地，多选用高档织锦缎如织金锦做袍服面料，款式为斜襟长袍，袍长至膝下或脚面；饰品较少；腰系织锦花带，挂饰刀具、碗袋等物。

②妇女服饰。

卫藏地区的妇女服饰类型较多，主要分为拉萨型、日喀则型、山南型、阿里型、那曲型。

a.拉萨型。拉萨妇女喜好高雅、清淡的服饰色彩。青年妇女内着白色斜襟衬衣，外着合身无袖或有袖锦缎袍服；少女服饰色彩艳丽；中老年妇女着黑色衣袍。拉萨型服饰的饰物集中于头和胸部。她们头戴的羊角形或三角形"巴珠冠"，是在藤条编成的羊角形帽架上饰满珍珠、红宝石、珊瑚等珠宝。胸前戴一串或多串红、绿、黄相间的宝石项链和饰有宝石的护身盒"嘎吾"（一种护身物）。她们双手均戴由骨、玉或银制成的手镯、戒指。氆氇制成的围腰，藏语称"帮典"，是妇女人人佩带的最具藏族女性特征的服饰。各地的"帮典"又略有不同，区别在色彩的组合和色条的宽窄上，一般青年妇女的色彩艳丽，老年妇女的古朴、典雅。

b.日喀则型。日喀则型服饰与拉萨型大致相同，只是围裙"帮典"色条与拉萨的对比更强烈、鲜艳，条纹也更宽。日喀则型妇女的长坎肩绣或染有万字纹、十字纹或日月纹。另外，其头部、腰部、肩部的饰品也比拉萨型的更为丰富。她们头上戴半月形的"巴珠冠"，其上饰满珍珠和珊瑚珠串，而且将缠有彩线的发辫绕于冠的两侧；胸前戴八角形"嘎吾"；腰带上镶有银币状的十二生肖，腰带右边悬挂银链小藏刀，左边悬挂针线盒。该地区妇女还有系后围腰的习惯，其大小与帮典相似，围法是将其对折成30厘米宽围于后腰，前面用金属腰钩将两头挂牢。腰钩是日喀则藏族女子服饰最具有特点的饰物之一，多为菱形，用银或铜錾花冲压制成。

c.山南型。山南是雅砻文化的发源地，吐蕃时期为西藏文化的中心，唐蕃联姻使汉文化在这一带产生了很大影响，纺织技术在这里得到快速发展并影响到西藏各地，如毛纺织品"氆氇"就是这里的主要产品，它是农区服装的主要面料，该地区的扎囊县被称为"氆氇之乡"。

山南妇女服饰最有特色的是"背夏"，即无袖对襟坎肩。"背夏"用当地特产的"曲巴加珞"氆氇制成，"曲巴加珞"是由用扎染工艺染成红、黄等十字形小花的织物拼接而成的。"背夏"坎肩长及膝部，供日常穿用。具有悠久历史的服饰"披肩"是山南藏族妇女重要的服饰特征。藏戏中的贵妇人、仙女的披饰都由此演变而来。民间"披肩"一般用氆氇制成，贵族用锦缎做面料。山南还流行皮革的背垫，形似蝴蝶，妇女劳动时穿用，既可保暖，又可护腰。

d.阿里型。阿里型服饰是在藏区西部古老的服饰文化基础上发展而来的，既古朴厚重，又璀璨夺目。妇女盛装时戴一种扇形头饰，该头饰用红、黄等色的锦缎做地，上面缀满孔雀石、珍珠等，扇面正中用骨条穿系珍珠、珊瑚的珠帘垂至前额，珠帘末端悬挂片状银坠，犹如帝王冠冕上的"旒"。同时，还将另一扇形头饰搭于右肩上，更增加了服饰的美。戴上该头饰的阿里姑娘显得珠光宝气、神秘古朴。阿里型妇女身穿镶彩条的黑色氆氇袍或布袍，该服装用铜环扣连成的腰带系扎，腰带左右两侧至前襟悬垂5～10串蜜蜡黄珠和珊瑚珠，胸前戴护身盒。阿里女性在婚嫁或节日歌舞时穿戴的长袍外会披一镶红边的锦缎斗篷，它用金花缎做面，羊羔皮做里。阿里北部牧羊藏族女子披羊皮斗篷。它用羊皮做面料，用红、黄、绿、黑的色布补绣成几何形图案，这种强烈的色彩和粗犷的纹样，具有浓郁的原始宗教特点。

e.那曲型。那曲属藏北牧区，地处高寒，气温变化大，故该地区女性四季皆用羊皮袍裹体，天热时袒露臂膀，寒夜时皮袍为被。因此，皮袍特别宽松肥大。人们在穿着羊皮袍时先套两袖，再将袍的后领顶于头顶，把左襟叠于右襟上，双手抓住腰的两侧，将下摆提至习惯高度再用腰带扎紧后放下衣领。袍被提起部分悬垂于腰部，形成一宽大的囊袋，用以放置随身携带的物品甚至婴儿。有的牧女在强烈的光照下用红头巾裹住脸，或戴上只露眼、鼻、嘴的羊皮"口袋帽"。有的人穿光板皮袍，男子用黑布镶边，女子用红布、绿布或黑布镶边，系上彩色腰带，上面挂满镶有宝石的金银饰件，整个服饰具有浓厚的高寒草原风貌。妇女将头发编成数十根小辫，合股于后腰，再戴上发套（又称辫筒），上面缀有五彩斑斓的宝石。

（2）粗犷英武的康巴服饰。

该地区受汉文化影响较大，衣袍常用质地优良的织金缎做面料，边镶獭皮或其他珍奇兽皮，袍服宽大，袖长拖地，以厚重、粗犷为特点。

①男子服饰。

男子服饰追求剽悍、强壮之美，如着袍服时将长袍下摆提升至膝盖以上，是骁勇者的象征，脱去两袖扎于腰际更显洒脱精干。男子腰间除火镰等饰物外，还要佩带一把长刀，十分耀眼。康巴男子的头发加进牦牛毛编成的饰有红丝线的独辫，盘于头上后戴上红珊瑚或象牙发箍，红丝线穗垂于左耳侧，可戴礼帽或红缨帽。康巴男子胸前戴多串粗大的玛瑙项珠。全身精心的打扮与久经风吹日晒的古铜色皮肤形成"康巴汉子"所特有的刚毅强悍之美。

②妇女服饰。

康巴妇女服饰有集美丽与财富于一身的习俗，其珠宝金银配饰璀璨夺目，牧区尤盛。少女所饰之物往往是家族或部落世代相传的稀世珍宝，承载着家族的地位和财富。

a.青海玉树和甘孜石渠服饰。康巴服饰各地仍有差异，青海玉树和甘孜石渠是康巴地区北部海拔最高、面积最大的牧场。该地区妇女服饰豪华、富丽，体现了牧区妇女服饰的特点。女性头饰的宝石采用未经加工打磨的自然形态镶嵌于发套，再戴在梳有近百根小辫的头上。所着长袍的襟、摆、袖口处均饰有獭皮，金银镶饰的腰带上挂有银质的针线盒、奶钩等物。

b.昌都、德格服饰。昌都、德格是藏区古文化中心之一。德格是英雄格萨尔王的故乡，是汉藏文化交流的历史走廊，据说藏族妇女的前额佩戴由金、银镶嵌松耳石、红珊瑚制成的"麦朵"饰品的习俗源自格萨尔王妃。

c.白玉服饰。白玉处在川藏交界处，该地区藏族女性服饰华丽，所着袍服春秋季以氆氇、毛呢、金丝缎为面料，衣服边沿镶獭皮；冬季以羊羔皮为主；夏季以丝绸、棉布为面料。她们的头饰最醒目，前额戴一颗镶有红珊瑚的黄琥珀，黄琥珀的两侧是成串的蓝色的松耳石小珠，发套上的黄琥珀垂在臀部，长达小腿处，用银腰带束住。

d.得荣服饰。被称为"太阳谷"的得荣妇女用红丝线与发辫一起编成头饰，头顶银盘，袍外套锦缎坎肩，下着黑、白、蓝等色百褶裙。

e.稻城、乡城服饰。风光秀丽的世外桃源稻城、乡城的藏族服饰又是另一种美。姑娘额前梳刘海，有百余条小辫，辫上戴发套，可谓珠玉满头，金裹银镶。女幽的耳饰除了大银环，还要戴上两支红珊瑚。她们所着袍服由细氆氇扎染成十字纹，腰系两层"帮典"，下摆均镶金花缎。该地区藏族女子服饰造型不仅色彩斑斓，而且金光耀眼。乡城妇女额梳刘海，头戴黑色平绒做成的"贾得"，用它象征过去要梳的近百条小辫。乡城女性耳饰繁多，四只珊瑚珠分挂于两耳；胸前戴圆形"嘎吾"；长袍为扎染氆氇制成；腰系五彩"帮典"；外套印有十字纹的长坎肩。

f.新龙、炉霍服饰。新龙妇女头饰与众不同，两侧戴一对嵌有红珊瑚的银泡；胸前戴与银腰带连接的圆形大"嘎吾"，悬于前摆的银饰多达五六条，极尽豪华。炉霍藏族女子头顶一红毡片垫底的银盘，上嵌珊瑚、玛瑙等宝石。银盘两侧垂珊瑚珠，显得端庄华贵。其银腰带上挂满银饰珠宝，服饰造型富丽华贵。

g.理塘服饰。理塘素有"世界高城"之称，有辽阔无垠的草原，曾诞生过七世和十世达赖喇嘛，被藏族人誉为祥瑞之地。该地区保留了古老的风土人情，藏族女子常戴一种有佛像的五佛冠，充满着宗教色彩。藏族牧女的盛装是以展示财富为特点的，其服饰后背、腰部同样大小银泡重叠，头上三条缎带组成的发套上面镶有宝石、金银饰牌。

（3）富丽堂皇的安多服饰。

安多地区以畜牧业为主，其服饰为藏族牧区的典型代表，充分显示了男女牧民以金银珠宝表达自己对美的追求，他们所戴饰品有着更多的审美价值与经济价值。

①男子服饰。

男子盛装时头戴狐皮帽或礼帽，有的将完好的狐狸皮做成帽子，戴时将狐狸头与尾悬于两侧，配上镶豹皮的长袍和长刀，英武有加。有的男子身着襟、摆、袖口镶珍奇兽皮的豪华袍服，胸前戴多串项饰和方形"嘎吾"，腰挂小刀和火镰等饰品。

②妇女服饰。

a.女性盛装。安多地区的牧区藏族女子服饰比农区藏族女子服饰更为华丽，所佩戴的银饰腰带极其珍贵，腰带由卷草纹银饰制成，其上镶嵌玛瑙并钉满银币。头上戴发套（辫筒）是这个地区服饰的典型特征。女孩16岁后举行成人礼，16～18岁的姑娘发式称为"上头"。其方法是先在头顶部挑出圆形"头路"，将"头路"内的头发分成九股并向后合编成一条大辫。头路四周的头发编成小辫，愈有钱的人家发辫愈细，辫数愈多，待编完一圈后用针线将所有的小辫穿起来，然后从脸部两侧拉到后颈。与头顶大辫相连的是一条60厘米长、20厘米宽的叫"龙达"的胎板，其上钉有银泡、琥珀、玛瑙。青海海南藏族自治州的藏族女子的"马尔盾"头饰更为奇特壮观，其特点是在发套（胎板）上钉几十颗银盾，这些银盾从头至足由小到大排列在胎板上，小的如酒杯，大的如汤碗，共重十余千克。为减轻头部的重量，常在背部用线将胎板连在腰带上。"上头"后的女子就可以自由接触男子了。出嫁时新娘要梳近百条小辫，常由四人帮忙梳理，花费三四小时才能编出精美的辫子。藏族妇女的发型暗示了婚姻状况，如头顶在众多小辫中有一条主辫表示未婚，有两条主辫表示已婚。有的地区的中老年妇女剪光头发表示丧夫不嫁。60岁以后的老年妇女均剪短发，基本上不再戴饰品，有的只包头帕。

盛装时的安多妇女所戴发套（辫筒）由缀有珠宝的三条布胎组成，戴于头顶披于后背，长至足跟。该地区妇女的佩饰主要集中于头部，重重叠叠未经加工处理的琥珀、玛瑙等珠宝戴于头部，真是璀璨夺目、富丽堂皇。

b.女性生活装。牧区妇女日常生活多戴礼帽、毡帽或包帕。所着的服装多以耐寒、耐磨的绵羊及山羊皮为衣料，一般为光板朝外毛朝里的皮袍。夏天穿毪袍或布袍，颜色多为紫、黑等色，只做简略装饰。

c.儿童服饰。儿童服饰简洁，着装与大人相似，男孩穿光板皮袍，襟摆和袖口用黑布镶饰；女孩穿白衬衫，外套黑色大襟长坎肩，系围裙"帮典"。

（4）白马藏族服饰。

在川甘交界的岷山山谷住着藏族的一支白马藏族人，这是因为他们聚居地在四川平武的白马乡以及甘肃文县的铁楼乡而得名。他们保留了完整而独特的风俗，头戴白色荷叶边的毛毡帽，帽顶高12～16厘米，上缠蓝、红、黑三色线，无论男女头上都要插白色羽毛，男子插一支，女子插两三支。男子插的羽毛挺直，以象征心地要耿直；女子多插弯曲的白公鸡尾羽，以象征美丽。男子有髡发的古老习俗，即剃掉头部四周的头发，头顶中部留一束头发编成辫绾在头上。女子无论老少都梳一条辫子。过去的白马藏族妇女要在自己的辫梢上用黑线和老人的落发合编成一条粗大的辫子并饰以海贝。男女均穿对襟花长袍，袖筒和肩部用红、黄、蓝、绿、黑等色布条拼接而成，袖上绣米字纹，胸前襟有补花图案。长袍外套黑或红色的对襟坎肩，腰系黑、红条纹毛织花腰带和白色围裙。古老民歌《赞姑娘》叙述了她们的打扮：

头上戴顶白帽子，白帽上插白鸡毛。

帽子边缘十二角，大珠小珠三十颗。

腰系羊毛花腰带，铜钱圈圈闪光彩。

（5）古朴端庄的嘉绒服饰。

①男子服饰。

嘉绒藏区的男子服饰与康巴藏区服饰接近，男子梳发辫，缠于头上，戴白毡帽。内衣为白衫，外套斜襟长袍。长袍多为青褚两色，其襟、摆均镶饰毛质或锦缎花边，腰缠红黑底的银腰带，上悬小刀、打火石等饰物。

②妇女服饰。

嘉绒地区妇女与其他藏区妇女服饰的区别在于头饰，常戴"一匹瓦"的头帕，与大凉山彝族妇女的头饰相近（从中可看出藏族、彝族的渊源关系），只是头帕的花形不同。另外，年轻妇女必须戴金银饰品和镶嵌珠宝的头箍，并缠于头帕上的发辫上。

③丹巴县服饰。

甘孜州东部的丹巴县被称为"歌舞之乡""美人谷"，这里的藏族女子极美。嘉绒藏族女子额前的头帕一角饰一丝穗，内穿大襟长衫，外套斜襟长袍，胸前戴银质"嘎吾"及玛瑙项珠多串。披肩是藏族妇女古老的服饰品，卫藏的山南藏族女子一直佩戴它，丹巴的藏族女子也视它为先民留下来的珍贵饰品。流淌着古老韵味的三色披肩，由红色、白色、黑色组成，它隐含着藏族先民原始服饰"披裹式"的痕迹。

a.黑水服饰。黑水的嘉绒藏族妇女头饰与丹巴藏族女子相同。她们内穿白衬衫，外套深色长袍，舞蹈时脱下长袍双袖，露出白衬衣；腰上系织花腰带，下垂彩色长穗，再系上钉有银花的腰带。

b.理县服饰。理县嘉绒藏族妇女头戴"一匹瓦"头帕；生活装朴实大方，穿紫降、暗红的斜襟袍服，襟边、袖边镶红布和花边；束织花腰带，前系镶有彩条的氆氇纹花边的黑围腰；外套黑色坎肩。该地区的老年妇女也如此，头帕花纹较少，戴耳环和项链，所着坎肩为两面穿，平时将里穿在外面，免于将有花纹的面子弄脏或磨破。

3.藏族服饰的文化内涵

（1）崇尚白色。

藏族服饰以白为美，以白为神灵的象征。他们的外装虽然彩色丰富，但贴身内衣必为素白。另外，藏族人重要部位的装饰如头部、腹部也用白色，如喜戴白色的毡帽，穿白色的羊皮袍，白马藏族人白帽上插白鸡毛，围白围裙等。云南藏族女子也喜爱白围裙，披缎面白羊皮披肩。同时，象征着吉祥的洁白的哈达是藏族人最珍贵礼物之一，用来相互赠送以表达真挚友好的情感。姑娘出嫁时骑的马以白色为上，举行仪式时，要给新娘铺上白色的毡子以象征吉祥。安多藏语中白色即为"尕鲁"，语意最美、至高无上。在藏族，新屋落成时石墙上用白浆绘白色的图案，牧区藏民则以住白帐房为贵。农区藏民的房屋多为白色。屋顶还插上白色的经幡以表示信佛驱邪。川西北嘉绒藏民的家里供奉代表农业神和土地神的白石加以崇拜。在西藏，把安放在青稞地里的白石奉为保障农业的丰收之神。藏区常可见到十字路口有白石堆及绳索牵挂的经幡，称为"嘛呢堆"，人们路过时念祷词以祈求白石的保佑。藏族法力最大者皆着白色的衣裙，白色的神灵为众神之首。正如《格萨尔王传》中很多英雄皆为身着白盔白甲，据说他们是借助白色所具有的神力战胜了对方。

（2）藏族服饰——粗犷与优雅、简略与豪华的统一。

在各民族服饰不断地被融合而缺乏民族特点的现在，藏族男子服饰始终保持本民族的传统，即使在日常生活中所着的服装，哪怕是简略甚至是破旧的袍服所带给人们美的感受也是强烈的。它是如此朴实、单纯、简洁却又内容丰富。如男子着装时下摆高过膝盖，象征剽悍英武，下摆低至脚面显示悠闲文雅；下摆斜吊一边是安多藏族人特有的习惯。吊袖从背部搭上右肩再至胸部是欢迎客人之意。若将吊袖搭向后则是不敬之举。女子袍袖拖地，显得温文尔雅，配上珍贵的豹皮、绸缎更具有豪华气派。他们佩戴的头饰、胸饰的珠宝均采用未经过打磨、修饰的自然形态。四川松潘藏族人的头饰，上面镶饰艳丽夺目的红珊瑚、古朴华贵的琥珀、奇形怪状的松耳石，给人以粗犷、原始之美。

藏族服饰色彩的运用恰到好处。红与绿，橙与蓝，黄与紫等对比色相搭配，并巧妙选用复色、黑白、金银线佐衬，从而取得极醒目且和谐的艺术效果。如藏北妇女身穿光板羊袍，裹上鲜红的头巾，羊皮斗篷上有红色、绿色、黑色的几何补花，强烈的色彩和图案形状的对比，使孤寂的大漠充满了活力。藏北少女把白胶布也作为装饰品贴在自己的脸上，使赭红的脸蛋更显得健美红润。

藏族居住地疆域辽阔，有洁净的蓝天，巍峨的雪山，宁静的湖泊，湍流的江河，被称为人间仙境的九寨，世外桃源的香格里拉的迪庆、稻城，还有我们的母亲河黄河、长江的源头，所有这一切无不给予世世代代生息在这块土地上的藏族同胞以美的启迪和丰富的想象力，熏陶其成为健美而又爱美的民族。

（三）傣族服饰

傣族分布于云南省的怒江、澜沧江、元江、金沙江流域。近一半傣族人聚居于西双版纳的傣族自治州和德宏傣族、景颇族自治州。傣族是跨境民族，在东南亚等国也有居住。"傣"为该民族的自称，是"自由"的意思。他们主要从事农业，多信佛教。

1.傣族服饰发展概述

傣族是一个历史悠久的民族，源于我国古代沿海的百越族群。据考古发现，两千多年前，傣族先民妇女束髻、"缠帕"，裳似筒裙；男子则着被后世称作"通身裤"的服装。《华阳国志·南中志》记载：傣族先民还有"漆齿"（黑齿）、"离身"（文身）、"儋耳"（耳饰）、"穿胸"等身饰习俗。唐代傣族继承并发展了德宏地区哀牢人之"哀牢布"（又称"桐华布"）的织造技艺，使之成为著名的"娑罗布"。《云南志》卷四称：傣族"皆衣青布短袴露骭，藤篾缠腰，红缯布缠髻，出其余垂为后饰，妇人被五色娑罗笼"。这个时期服饰已作为部落（或支系）的识别标志，据唐樊绰《蛮书》卷四记载：黑齿蛮以漆漆其齿，金齿蛮以金镂片裹其齿，银齿以银，有事出见人，则以此为饰……皆当顶上为一髻。以青布为通身裤，又斜披青布条。绣脚蛮则于踝上腓下，周匝刻其肤为文彩。衣以绯布，以青布为饰。绣面蛮初生后出月，以针刺面上，以青黛傅之如绣状。

元代傣族斜披的青布条发展为上衣。元代李京《云南志略》记载：金齿百夷……男女文身，去髭须鬓眉睫，以赤白土傅面，彩缯束发，衣赤黑衣，蹑绣履，带镜……妇女去眉睫，不谙脂粉，发分两髻，衣文锦衣，联缀珂贝为饰。元明时期的傣锦闻名于世，并被作为贡品进入朝廷，如"丝幔帐"和"绒锦"均是具有极高艺术水平的傣锦。《天启滇志》记载：干崖（今云南盈江）境内甚热，四时皆蚕，以其丝织五色土锦充贡。由于傣族丝织锦类质地细软，色泽光润，纹样繁华新奇，产量较多，非但"贵者锦缘"，而且民妇亦"衣文锦衣"。

早期傣族男女皆穿裙，明代中后期邻近内地的男子改穿裤，但在边远地区的男子仍保留着穿裙的习惯。男女一般跣足不履，杂居于内地的逐渐穿鞋。清代《皇清职贡图》称傣族"男子青布裹头，簪花，饰以五色线。编竹丝为帽，青蓝布衣，白布缠骻。恒持巾悦。妇盘发于首，裹以色帛，系彩线分垂之。耳缀银环，著红绿衣裙，以小合包两三枚各贮白金于内，时时携之"。

2.傣族区域服饰形制

傣族长期居住在西双版纳和德宏等群山环抱的亚热带河谷平坝地带，这里土地肥沃、风光秀丽，且地处边陲，傣族人在生活习俗、宗教信仰等方面融合了国内中原地区及印度、中南半岛诸国的文化。其服饰极富民族特色。傣族服饰款式简练，线条优美，少有装饰，色彩调和。服装主色为黑和白色，黄、红、绿等为点缀色。黄色是贵族和僧侣的象征色，在许多场合，平民和俗人都不能随便使用。

傣族人口较多，分布面广，男子服饰比较雷同，妇女服饰则丰富多彩。傣族服饰按不同的地区和支系可分为五大类型，即傣泐型、傣那型、花腰傣型、傣喇型、傣朗姆型。其支系特征显著，支系不同的傣族人即使住同一坝子，服饰也不相同。而同一支系即使分布在不同地区，服饰也大体一致。

（1）男子服饰。

傣族中青年男子服饰多用白布、蓝布或水红布包头，盛装或婚礼时以彩绸包头或戴毛呢礼帽。老人穿黑色或白色对襟短衫，下穿黑色大裆宽腿裤。傣族的青年男子冬天披红色木棉毯，它既可当被子，又是恋人谈情说爱的幕帐。

（2）妇女服饰。

①傣泐型（水傣）服饰。

傣泐服饰以西双版纳地区的傣族为主，包括孟连、澜沧、江城及瑞丽等地的部分傣族。青年妇女的服饰形制为：头顶偏右处挽髻，髻上插金簪或彩色长梳，外裹有色花毛巾；戴环状金耳环；上穿用薄质面料或丝绸制成的无领大襟或对襟圆领衣，紧身窄袖，衣长仅过脐，多为红、绿、白、黄等色；下着长及脚面的筒裙，裙多为彩印花布或丝绸；赤足或穿皮鞋。瑞丽的傣泐妇女与西双版纳傣泐妇女着装无差异。她们外出时肩挎"筒帕"（花包），且喜带小花伞。老年妇女衣裙样式与之相同，但用料与色彩不同，多用自织土布，选用黑、白等色做上衣下裳。

②傣那型（旱傣）服饰。

傣那型服饰以德宏州的傣族为主，包括保山、腾冲、昌宁、耿马、双江、临沧、景谷等地的部分傣族。少女用红头绳结辫盘于头顶，再插上饰物；穿白色或浅色大襟短衫；下着黑色长裤。婚后女性包白色或黑色头帕，着对襟短衫，下穿黑色筒裙。所包头帕内用硬纸衬后形成高筒帕。

芒市、剑川一带的傣族少女在喜庆之日所着盛装极为艳丽：红包头上戴金银饰品，上穿红色锦缎做成的镶边宽袖上衣；下着用黄、红、蓝条的锦缎拼接成的筒裙，边上绣彩色几何纹，黑宽裙边悬垂银须、银坠。新娘的结婚礼服与此相似，新郎多戴黑色礼帽，穿黑色长衫和马褂。

③花腰傣服饰。

花腰傣服饰以新平、元江的傣雅支系为主，包括西双版纳普文及小勐养地区的花腰傣。西双版纳和元阳等地也有少量的花腰傣。花腰傣可细分为傣雅、傣冲、傣涨、傣洒等支系。花腰傣服饰的共同特点在于服饰华美绚丽，装饰重点集中在腰、胸、腹部，装饰手法有的用精美的刺绣和织花带，有的用闪光的银泡和挑绣。因主要装饰腰部，使服饰别具一格，故有"花腰傣"的美称。居住在新平、元江一带的花腰傣少女一套盛装有时需要3000克银泡镶嵌。花腰傣每一类型服饰的部件多达十余种，包括头饰、内衣、外衣、筒裙、围腰、腰带、裹腿、银饰、竹编斗笠、秧箩等，而且每一种又有五六件，穿戴这些服饰的过程就是一次美的历程。

元江流域的花腰傣以及迁往绿春、江城的花腰傣妇女头饰很有特点。她们的黑头帕上缀有大量银泡，竖搭一用架子支撑甚高的黑帕，再用绣花带固定。她们上穿黑色无扣对襟短衣，襟边饰白布，下着黑筒裙。

中老年花腰傣妇女银饰不多，服饰整洁精练，仍显青春活力。江城、绿春的花腰傣服饰与之相似，只是所包头帕长短高矮稍有不同，搭于包头上的头帕有银币和银泡装饰。

西双版纳的花腰傣妇女与傣雅服饰接近，但头饰用数米长的银链缠头；外衣仅十余厘米长，露出饰满银泡和花边的背心；黑筒裙下摆镶饰40~50厘米宽的花边彩条，外系齐膝短围腰。

花腰傣的老年妇女服饰与年轻妇女款式相同，但装饰上稍有区别，刺绣色彩更为素雅，银饰较少。

④傣喇型服饰。

傣喇型服饰以元江地区傣喇支系为主，包括红河、元阳两县的部分傣族。青年妇女长发挽髻于头顶，发髻上插四支似羹匙的银簪，另用一青布缠于髻下作为内包头，再以傣锦花巾或青布缠在上面。

她们上穿无领左衽半长衣，款式宽大，下摆至大腿中部，如现代的中长大衣，袖长过肘，袖宽达40厘米，类似秦汉时期的大袖，袖口及襟边饰以傣锦；下着青蓝色长裤，戴金耳环、银手镯；偶尔可见染齿及文身习俗。衣料为自织自染的青色或蓝色布。

老年妇女服饰与中青年妇女基本相同，只是服饰上少花饰，头巾用绚丽的彩色毛巾代替，大袖口上的镶饰也多为蓝白织花和黑布条。元江养马河的傣族妇女，头挽髻，包黑底红花帕；上着无领右衽大襟短衣，袖长至肘上，襟、袖和下摆均饰有大片银泡；下穿黑筒裙，有边饰；打花绑腿。

⑤傣朗姆（黑傣）服饰。

傣朗姆服饰以云南马关的傣族为主，包括文山、河口的部分傣朗姆支系。

傣朗姆妇女以黑为美，其服饰全身上下皆为黑色，黑头帕、黑衣、黑裙、黑围腰。黑色成为服饰主色，仅用极少的彩色点缀，因此被称为"黑傣"。

黑傣妇女头饰与其他傣族区别甚大：首先，头发用薄木支撑，梳成15厘米高的发髻，然后再用浅蓝色的头帕将其包成塔形，头帕上有银泡饰于额前；再用一块宽26厘米、长133厘米的双层黑布用米汤浆固后，将一端覆盖于高髻之顶，使之呈人字形，俗称"两分水瓦"，另一端垂至脑后结披。包头的脑后部位，用银泡装饰为8平方厘米左右的正方形，其边由双排银泡组成，中间是米字形图案，下方缀有红、白相间的丝线穗子，十分醒目。

黑傣妇女上衣是双层黑布夹衣，右衽斜襟、低领、长窄袖，衣襟及领均钉银泡，黑衣上镶有少量的彩色布，领用红布，袖口用蓝、白布镶接；下着长至脚面的青布筒裙，裙边绣花或镶拼绿、蓝两条色布；系长方形围腰，上段（围腰头）用18厘米长的翠绿或深蓝色织花缎装饰，两侧镶白地花边，黑围腰带束腰；戴耳环、银手镯等饰品。

3.傣族服饰的文化内涵

（1）服饰上的图腾崇拜。

傣族尚黑崇白，以黑白色为美。有的支系因多为着黑衣而被称为"黑傣"，其服饰上的黑色约占90%。傣族其他支系的服饰也多以黑为主，这与该民族崇尚黑色有关。《少数民族色彩揭秘》分析：傣族服饰尚青黑，即以青黑为基本的族徽和祈佑色，当与青蛇、青鸠图腾有关，而多彩饰，又与孔雀图腾分不开了。

傣族对龙蛇的崇拜古籍中多有记载，"越人，文身断发""以像龙子"。傣族人常在江河水边生活，男子将双腿文上花纹，表示自己是龙、蛇的子孙，以祈求祖先的护佑。傣族妇女黑衣裙上的花纹多为菱形、三角形构成的带状图案，形如蛇身上的花纹，有的用银泡组合，犹如龙蛇之鳞甲。傣族服装刺绣图案多仿效蛇身的纹样。

傣泐尚白兼红，傣那则尚白兼黑，据称这是因该支系先民崇青兽与白兽图腾融合的结果。傣族曾以白象为图腾，其先民多着白衣，唐时以"白衣"为傣族的族名，直至元代。

（2）精彩傣锦。

傣锦是傣族的著名民间工艺品，多用腰机踞织而成，也有用斜机手工织出的。傣锦的主要产地是德宏、西双版纳、盈江、耿马、景东、景谷、孟连、元江、金平等地。其用途之一是寺庙旌幡；用途之二是做服饰和生活用品。如头帕、服装、筒帕（挎包）以及被面等。花腰傣（傣洒）外衣的两襟就镶拼有美丽的傣锦。元江红河流域的傣喇妇女服饰也用傣锦装饰，做旌幡的傣锦多为动物纹，如变形的孔雀、大象等代表吉祥的图案。作为服饰品的傣锦多为几何纹，如回纹、万字纹、勾纹、八瓣花等，色彩绚丽，制作精美。傣锦均被镶拼在服饰的关键部位，如在头帕或袖口、襟边、腰带等处，成为黑衣服上美丽的点缀。

（四）白族服饰

白族人主要聚居于云南大理白族自治州，但在昆明、元江、丽江、兰坪、碧江、保山以及贵州的毕节等地也有散居的白族人。

1.白族服饰历史发展概述

白族人自称"白子""白尼"。"子""尼"在白族语中是"人"的意思。据说白族的族称来源于崇尚白色。而以自己崇尚的色彩作为本民族的自称在我国少数民族中却是少有的。

白族即古之"僰人"，早在新石器时代就开始从事纺织活动。公元之初，白族洱海地区已有木棉布的纺织手工业，从发掘出的大量青铜器中可以看出白族当时已使用踞织方式织出有纹饰的衣料。到了唐代的南诏国时期，白族纺织业有了进一步的发展，"革之以衣冠，化之以礼义"（见《南诏德化碑》）。特别是太和三年（公元829年），南诏从成都掳来各行业数万工匠和"巧儿及女工"以后，"南诏自是工文织，与中国（中原）同埒"。当时的丝织技术推动了纺织工业的发展，从国王到清平官都穿锦绣，以朱紫色为上服，上缀虎皮为饰。平民百姓穿粗绢。

从南诏国到大理国，王室贵族的服饰受到汉族的影响，如南诏国国王的袍服上绣有中原帝王礼服上代表王权的特定纹样——"十二章"纹样。据元初李京《云南志略》这样记载宋代的白族庶民的服饰：男女首戴次工（帽），制如中原渔人之蒲笠，差大，编竹为之，覆以黑毡……男子披毡，椎髻。妇人不施脂粉，酥泽其发，以青纱分编绕首盘系，裹以攒顶黑巾；耳金环；象牙缠臂；衣袖方幅，以半身细毡为上服。元代以后，白族人居住地区的汉族移民不断增加，汉族服饰对白族有了更深的影响。明清时期的纺织业更出现了"大理三千户，户户织布"的盛况。

扎染是白族妇女擅长的染织工艺，扎染品成为白族妇女衣着头饰的重要面料。

2.白族服饰的区域形制

由于自然条件、生活习俗及与其他民族的交融等情况不同，白族服饰形成多种形制的地域特点。在白族即使同一地区的服饰也有差别。

（1）男子服饰。

白族男子服饰各地区较雷同，其形制为：多包白布头帕，帕端绣花边并饰小绒球，节日时青年男子戴"八角帽"；着白色对襟上衣，上衣一次以穿多件为美，称"千层荷叶"，一般穿三件，且外短内长；里件比外件短约1厘米，称"三滴水"，白族人视之为"俊美、富有"；束绿色、白色的腰带（裹柱）；外罩黑蓝坎肩（领褂），有的地区男子穿羊皮领褂，领褂腰间有一圈口袋，因此又称"满腰转"；下穿宽松裤，裹有装饰边纹的裹腿。而赶马人穿的"三套裤"很有特点，他们共穿三条裤，里为一白色的长裤，裤口扎于绑腿内，中间为一蓝色的齐膝中裤，外面为一黑色的短裤，长仅齐大腿中部；脚穿布鞋或棉、麻编的鞋，鞋尖饰红绒球。

老年男子多穿蓝色的衣裤，外罩黑色坎肩，有的穿长衫。

（2）妇女服饰。

白族妇女的服饰变化较多，可分为大理型、保山型、丽江型、怒江型。

①大理型。

大理洱海四周居住的白族保留了显著的传统服饰特征，具有白族妇女服饰的代表性。青年妇女头戴绣花、扎染、挑花及印花方巾等共四块，戴时将方巾分别重叠成长条状后重合在一起，再以长辫和红头绳将头巾固定于头顶。头巾左侧一端饰白色丝穗和料珠并垂至肩部，是姑娘未婚的标志。新婚女子梳"凤点头"发式。剑川少女戴布满刺绣、银泡和其他装饰的"鼓钉帽""鱼尾帽"。大理村寨和洱海东岸的少女戴凤凰帽。白族女性着白色或浅蓝色紧身上衣，袖口有花边；外罩蓝色或红色的右衽坎肩，衽扣上垂吊精细的银链和银质"三须""五须"、香包及绣花手帕等；用三条宽腰带束紧腰部，腰带头均挑绣花纹；腰带上再系短小的黑地绣花围腰；穿白色或蓝色长裤；着绣花鞋。挎上"福满堂"小包的白族少女更显娇艳。她们戴银和玉制的手镯、耳环、戒指。由于白族青年妇女的服饰喜用明快的青蓝色和白色，故有"一青二白"的美称。

白族大理型老年妇女头部挽髻插银簪，并包扎染蓝花布或黑头帕，着前短后长的蓝色或黑色右衽上衣，袖和后摆饰有花边，罩蓝色或黑色坎肩，穿深色长裤，系长围腰，围腰下摆有精致的绣花图案。有的老年妇女全身少有花饰，但围腰飘带必绣花纹，并将其拴在前面，素雅中仍可见其端庄与美丽。

白族大理型儿童服饰多姿多彩，尤其是背孩子用的背带——"裹背"。其上绣牡丹、菊花、梅花以及可爱的小人、小鸟图案，整个裹背色彩艳丽。婴儿的特殊服饰——撑腰，不仅刺绣精美，其功能也很特别，是为保护婴儿腰部不遭闪失受伤而设计成"山"形以支撑其幼小的腰部。帽子是小孩服饰的重点，他们常戴虎头帽、狮头帽，冬天则戴大红缎子做成的风帽。

大理白族自治州的洱源、剑川、鹤庆等县的白族妇女服饰基本与洱海一带相似，即白色或浅色上衣套深色领褂（坎肩），下穿长裤，系小围腰，主要区别是在头饰上的变化。

将地域特点与白族服饰的色彩做比较可看出：越往南的服饰越艳丽，越往北的服饰越素雅；山区白族穿着较鲜艳，坝区穿着较朴素。

洱源的白族便装头饰以彩色宽发带勒头，上面包绣花帕，再以纱巾罩住，隐约可见花纹。长发梳成独辫盘于头顶。中老年妇女则挽髻于脑后，同时戴黑色的宽发带，髻上缠黑布后再缠挑花帕。挑花帕为蓝地白花图案工整细腻。年纪大的妇女头顶发已稀疏，但她们用黑色的宽发带勒于鬓角，使之仍显丰满。挽髻后插银簪，再用花纹少而素雅的蓝花帕包头。未婚妇女则用十多层的头巾包成大包头，上衣前短后长（前襟为50厘米左右，后襟为92厘米左右）。有的用5米长的黑布缠于头顶使之形成直径40厘米左右的大包头。洱源玉湖镇的白族姑娘用7～8层的花帕包成高包头，外用缠有红头绳的发辫固定头帕，并戴上红绒球。美丽的挑花腰带内还缠有三层硬带束腰，黄、蓝、白、桃红等对比较强的服装色彩，使白族女性美丽的身材显示出蓬勃的生命力。

鹤庆甸南妇女戴黑丝绒圆盘帽，盛装时白上衣外套红坎肩，右衽扣上挂花手帕，系大围腰，拴丝帕于腰。甸北的妇女与甸南妇女头饰则完全不同，她们用内衬竹圈的蓝布方巾，裹成圆盘式包头，再用一束红线将其固定在头上，蓝方巾绲白边的两角捆扎于一侧。在远隔几省的湖南桑植的白族中也有此种服装款式。已婚妇女以木块衬于头顶，用黑布裹缠成尖包头。

剑川白族年轻妇女头上多戴鼓钉帽、鱼尾帽，或用黑布裹成小包头。中老年妇女挽髻于后。

②保山型。

该形制的服饰以保山市郊杨柳乡等地的白族为代表。青年妇女头缠黑色整齐的圆盘大包头，头帕端有黑色绒球和丝穗垂于左侧；身着右衽白色或浅色短衣；围挑花肚兜，肚兜上至胸，用银链系挂于颈部，下至上衣下摆处，肚兜带垂于身后；围半截挑花围腰，边缘有丝穗或绒球装饰；外罩黑丝绒对襟领褂，不扣纽扣，以显露出胸腹部的刺绣装饰；下穿蓝色或黑色长裤，着绣花鞋。外出时肩背挑花挎包。

阿石寨的白族妇女裹白布包头，围腰稍长，全身以白为主，间以黑、蓝布条块，刺绣装饰不多。保山的老年妇女包黑色包头，全身以黑为主，少有刺绣装饰，仅盘肩、袖口处镶边，围满襟围腰，有的胸部挑有花纹。云龙的白族少女全身服饰以黑白为主，包黑头帕，穿衣袖和襟边绣有花纹并镶有花边的黑色大襟衣。外套白羊皮坎肩，全身黑白对比强烈，显得清丽雅致。

③丽江型。

丽江型服饰以丽江的白族妇女为代表，其头饰特征在于包头的方巾两角上翘于后脑勺，形成飞鸟翅膀状或兔耳状，这是一种古老的头饰。这种有着两耳的包头在丽江一带白族中流行甚广，其包缠步骤如下：第一，备好深蓝、湖蓝和黑色三块头帕，尺寸均为60厘米宽、30厘米长，其边缘以红、黄、粉红线绣成犬牙边或彩条边；第二，将三块头帕重叠，青年或未婚妇女将湖蓝色置于上层，包于头之最上层，中老年妇女则将黑色头帕置于面上；第三，将头帕正中置于前额包至头顶，再把头帕两角相交，露出小角并呈兔耳状，用一大束粉红或大红的毛线固定，并在右侧将毛线结成花状，可在毛线上挂串珠或插上一朵小花。

丽江、九河的中年妇女以多块方巾裹于头顶，形成喇叭状的高包头。其头巾边角以犬牙纹和挑花装饰，喜施脂粉，额头两侧的太阳穴常饰圆形黑布，其俗源于白族谚语"青豆米贴额，病不找"。她们着白色或浅蓝色的紧身上衣，袖口有边纹装饰，外罩前短后长的红、黑色丝绒大襟坎肩；右衽纽扣上垂挂挑花手帕和三须；系长围腰；穿深色长裤；戴手镯、耳环；由于受丽江纳西族服饰的影响，妇女普遍披"七星小羊皮"。

宾川新婚妇女的包头是用绣有白色花纹的蓝头帕包成兔耳状；全身以白、红、蓝色为基调，即白色上衣外套红色大襟坎肩；右衽纽扣挂白色绣花帕；围白围腰，袖筒、衽边、围腰下摆均镶有蓝和黑色边，整个服饰色彩明丽。

④怒江型。

怒江型服饰以云南怒江地区的勒墨人（白族支系）为主，其服饰保持着自己的特色。这里的白族多与傈僳族杂居，有的着傈僳族服饰或以傈僳族细条纹麻布缝制衣服。

勒墨妇女的服饰特点鲜明，头戴布满小白纽扣的红帽，帽檐饰珠贝、银币，帽两侧垂珠穗，帽后垂有两条用纽扣装饰的飘带；上着黑布与细麻布相拼接的对襟短衣，袖上用彩色布条镶饰，胸前挂数串彩色料珠和海贝、银币，与傈僳族相同；下着黑布或麻布筒裙；赤足或穿黄胶鞋，背麻布或拼花布挎包，服装上少有刺绣。有的妇女着前短后长的上衣，围黑布镶彩色条纹的长围腰，穿长裤。

3.白族服饰的文化内涵及工艺

白族是一个历史悠久、亲仁善邻、善于学习的民族，其服饰有着丰厚的文化底蕴。

（1）崇尚白色，以白为美。

白族男女均以白色为服装的主色，他们崇尚白色，以白为美，这在白族服饰中随处可见，如年轻的男子喜穿白色对襟衬衣，常称之为"漂白小伙"。姑娘的白衣蓝裤被赞美为"一清二白"。妇女常披白色羊皮，新娘出嫁也需送无一根杂色的白羊皮。在祈年祭时用做祭品的鸡必须选用白色的才吉利。宋人周去非《岭外代答》记大理国"国王服白毡，正妻服朝霞"，朝霞亦白。由于白族尚白，大理国又称为"白国"，国王称为"白王"。《白国因由》的史书流传至今。白族的民歌《白姐姐》如此描述了白族人：

　　白月亮，白姐姐，

　　脚上穿双白鞋子，

　　白衣裳外披羊皮，白菜白米吃肚里，

　　白天人多不方便，白月亮下来相会。

　　对白色的崇拜实为白族先民（古羌人）对白石的崇拜，至今白族人保留了白石为社神的遗俗，并且将社神称为"本主"。"本主"之意即为"白石"。

　　（2）以虎、龙为图腾。

　　白族自称为虎的后代，称自己为"劳之劳农"，意为"虎儿虎女"。在白族民间有关于白虎的传说：一位美丽的白族姑娘梦与虎交，醒后怀孕生一男孩取名"罗尚才"（白语"罗"为"虎"之意）。他后来变为白虎归山，并保佑白族人不受伤害。这个传说反映了该民族以虎为图腾的原始崇拜意识。这种对虎的崇拜也表现在服饰上，如唐樊绰《云南校释》（卷七）记载："……蛮王并清平官礼衣悉服锦绣，皆上缀波罗皮"，"波罗皮"即"虎皮"。刺绣织锦的官服上镶饰虎皮成为南诏王及官员的品级和时髦的象征。

　　现在流传在民间的崇虎习俗主要是给孩子戴虎头帽，穿虎头鞋。妇女包头帕也常绣上虎纹。

　　白族崇拜龙，视龙神为"本主"。白族妇女有耍龙的习俗，在大理常可见清一色的白族妇女耍龙的队伍。白族妇女所穿上衣多为前短后长，以体现自己是龙的后代，长的后襟寓意为龙尾。

　　（3）色彩主次分明，花饰丰富多彩。

　　白族服饰的装饰手法多样。虽然服饰以白色为主，但并不显单调，常配以浅绿、粉红、湖蓝等装饰色，黑或深蓝色在服饰的配色中必不可少，使服饰整体既有洱海般透明轻盈，又有苍山般秀丽大方，这充分显示了大理风光对白族人审美修养的陶冶。白族人信奉的处世美德是"清白传家"，"一清二白"成了他们审美的标准，其服饰以白色和青色相配为美，因此流传着"艳蓝领褂白衬衫，叫人不得不喜欢"之说。白族中老年妇女的头巾有十余条，大多是素挑花蓝的白头巾。白族老年妇女把自己打扮得整洁、端庄、素雅。白族妇女系的围腰大多为黑色，但围腰系带上必有"围腰把子"，使系带与围腰相连接。白族妇女在方寸之间的把子上绣着美丽的花纹，还镶有犬牙边，做工特别精巧。

（4）工艺。

白族称绣花为"撒花"。其方法是：先将剪纸花样贴于要绣的硬胎面料上，采用分层滑撒（平针绣），绣好绣片再将其缝在衣服需要装饰的部位。这些小绣片必须按照服饰的整体布局进行镶饰。

白族妇女将古老的扎染工艺运用于服饰上，她们充分发挥了扎染工艺的特点，使之成为有特色的服饰。她们将扎染与补花结合做成中老年服装、扎染头帕、扎染围裙、腰带以及大件的床上用品等，使两千年的传统扎染工艺散发出新颖的魅力。

（五）珞巴族服饰

珞巴族是西藏东南边陲珞渝地区的一个民族。"珞巴"意为"南方人"。由于该地地处高山深谷中，与外界的联系很少，其服饰仍处在较原始的阶段。珞巴族博嘎尔部落的《达蒙达尼》记载：珞巴族人的祖先达蒙穿的是用"阿窝"叶编织的上衣。盛绳祖《卫藏图识》载：珞巴族人"不耕不织，穴处巢居；冬衣兽皮，夏衣木叶"。近百年来，珞巴族人学会了对兽皮和植物纤维的加工，他们采用加工过的皮革和自织土布作为衣料。同时，他们增多了与藏族的联系，输入羊毛，引种棉花，衣料有了明显的变化，服饰也由简至繁，但仍保持某些原始的特征，如还有穿着谷类秸秆和棕丝编织的衣裙。在米里和德振部落，人们常穿用鸡爪谷秸秆编成的草裙，家境富裕者穿土布裙，为保护布裙而在布裙上罩上草裙。过去男子不穿裤，仅挂一用藤篾编结或皮制的遮羞物。

缝纫工具落后是珞巴族服饰发展缓慢的原因之一。过去，他们没有剪刀与钢针，裁布也仅能用刀切，用竹针、竹线缝纫。服装款式也多是套头衫，当地人称为"纳木"。近来，珞巴族服饰发展成为对襟衣和筒裙，还织上美丽的条纹和动物纹。

由于地域、环境、气候的不同，以及受外来文化影响的程度不同，珞巴地区服饰材料、制作技术等方面发展的不平衡，使各地区服饰形制也有所变化。

1.珞渝腹地和西部、东南部的服饰

该地区位于海拔较低的峡谷地带，气候较炎热。由于交通不便，该地区服饰受外来影响较小，仍保持着较古老的服饰形制。

（1）男子服饰。

珞巴族男女皆留长发，额前发齐眉，其余披在肩后。崩龙部落的男子将长发束于额前挽三个髻，再横穿两根长尺余的竹签；阿巴塔尼部落的男子在额前挽一个髻，横穿一根竹签或银签。男子戴竹或藤编的帽子，穿无襟、无领的短袖上衣。珞渝腹地的阿巴塔尼、崩尼等部落，无论男女身上仅围裹一块窄幅条状布，长至膝盖，袒露一臂（男左女右），接口处用竹签拴牢。节庆或走亲戚时外加一件用土布制成的披风。

（2）妇女服饰。

该地区妇女蓄长发，额前发剪短，与眉齐，其余散披于后，也有将长发编成辫子垂于身后的。崩龙部落的妇女戴的头饰很别致，在银质细管上用6厘米长、3厘米宽的金属牌焊接成发箍戴于头顶，上身用窄幅土布裹缠，露出左臂，下着筒裙。该地区妇女大多也穿短对襟上衣，有袖或无袖，圆领。盛装时妇女在衣外披羊毛织成的披风。戴十几串到几十串蓝、白料珠串成的项饰，加上手镯、耳环以及腰上系的白色贝壳、银币、铜铃、火镰、铁链、刀子等，重量可达6～7千克。

珞巴族男女自古有文面的习俗，孩子长到十一二岁时，便在前额、额角、两颧、下颏和鼻梁文上花纹，其花纹多为竖线、斧形和星状。崩龙男女还有穿鼻的习俗，在两鼻翼上各穿一孔，戴金属鼻环以做装饰，以上习俗现已逐步淡化。

2.珞渝北部服饰

该地区海拔较高，冬季有霜雪，与藏区也比较接近，服饰文化受藏族的影响较大。

（1）男子服饰。

珞渝北部珞巴族男子最典型的头饰是熊皮圆盔帽。它是珞巴族男子勇武的象征，只有亲手猎获大熊的珞巴族男子才能有资格戴这种熊皮盔帽，以表明他是勇敢的猎手而受到尊重。帽用生皮压制而成,帽檐上方套一毛长7厘米左右的熊皮圈,帽后缀有27厘米见方的熊头皮,上有熊的眼窝。这种熊皮帽具有实用和装饰的双重价值,除能防寒外,行猎时长发免于被树枝缠挂;同时,熊皮帽有一定的迷惑性,易近猎物;若是战斗,熊皮帽质地坚韧,可起到防御作用。

他们身穿野牛皮、山羊皮或氆氇制成的长袍,袍长至膝;外套黑色山羊毛编织成的黑色大坎肩,称为"纳木",两侧不缝合,是由前后两幅同样宽的长方形面料合成的套头坎肩,系上腰带就可以固定;后背还要加披一块小牛皮或山羊皮。所系的皮带特别讲究,上面用海贝装饰,并挂上长刀、火镰、弓弩和毒箭筒。有的身佩两把长刀,刀鞘、刀把经过仔细的装饰,并用铜链和背带斜挎于身前,显得特别威武,下穿长裤及靴子。现在,年轻的珞巴族男子戴用锦缎做面的兽皮帽,帽后颈部披一块兽皮。所穿袍服用锦缎做面,与老一辈的珞巴男子大不相同。

（2）妇女服饰。

珞渝北部的珞巴族妇女穿野生植物纤维上衣,对襟或大襟,下着长过膝盖的筒裙,再围上围腰。天冷时小腿用腿布包裹,再系带固定。年轻的妇女还喜披上一件紫红或大红的披肩,起到美化和保暖的作用。女性一般留长发,不用头饰,前额发剪成刘海,年纪大的妇女也是这种发型。女性同样注意颈部和腰部的装饰,戴上几十串蓝色和白色的项珠串,手腕戴多个银、铜、铁甚至藤制的手镯,以及海贝手圈,耳上也佩戴长大的珠串耳环,有的还用竹管做耳环。腰部系腰带,并挂上钱币和多串海贝以及铜铃、银链,走起路来叮当作响,更增加妇女的风韵。

（六）彝族服饰

彝族支系繁多,居地广阔,分布于川、滇、黔、桂四省。四川凉山彝族自治州是最大的彝族聚居区,主要分布在大凉山、小凉山和安宁河流域。云南彝族主要居住在金沙江、元江、哀牢山、无量山之间和小凉山一带。贵州彝族主要居住在安顺、赫章、毕节地区。广西彝族居住在隆林、那坡两县。

1.彝族服饰发展概述

彝族源于氐羌,与隋唐时乌蛮有着渊源关系。《隋书·西域传》记载"党项羌者……服裘褐,披毡以为上饰"。云南昭通后海乡东晋霍嗣墓壁画中的夷部曲（家仆）形象特征是椎髻、披毯、赤足，今天的凉山彝族服饰仍保留这一特征。唐樊绰《蛮书》称"……皆乌蛮也。妇人以黑缯为衣，其长曳地……又东有白蛮，丈夫妇人，以白缯为衣，下不过膝"。这种"乌蛮"衣长曳地，"白蛮"衣不过膝的习俗，在千年后的今天仍能在凉山彝族的不同等级的妇女装束中见到。明清时期，彝族繁衍、发展出更多的支系，其服饰在传统的基础上显示出地域性差异。如四川凉山彝族基本特征是男椎髻、女着裙、披毡、跣足，可谓古风犹存。云南彝族支系多达三十余个，服装款式百余种，男女大多短衣长裤。男子多包头，少椎髻，皆穿鞋。边远地区的女服尚有穿裙的旧制。

2.彝族服饰的区域形制

彝族服饰发展至今，支系繁多，分布辽阔。由于彝族人所居住的生态环境复杂，经济水平差异大，其服饰受社会、环境、文化的影响各有不同，表现在服装款式、质地、色彩、纹样上就形成了鲜明的地域特征，各地区的彝族服饰千姿百态，各具特色。据彝文史籍《西南彝志》记载，战国初期彝族祖先仲牟由生六子，这六子便是彝族各支系的祖先，即彝族历史上传说的"六祖分支"。它奠定了彝族后来的分布格局和居住范围，标志着彝族先民已经由氏族走向部落联盟。根据彝族各地服饰特点和语言分布的状况，彝族服饰分为凉山、乌蒙山、红河、滇东南、滇西、楚雄6大类型和16种样式。

大凉山和小凉山是彝族的主要聚居区之一，由于该地区长期处于封闭状态，20世纪50年代前还处于奴隶制度阶段，其服饰保留了较多固有的文化传统，在彝族服饰中最具有代表性。乌蒙山地区自古是彝族活动的重要地区之一，乌蒙山型服饰集中表现了这一地区既保持了固有的民族传统，又反映了明末清初"改土归流"（改土司为流官的制度）后所发生的明显变化。由于红河地区经济文化发展的不平衡，红河型服饰呈现了纷繁多彩、款式并存的局面，红河的边远山区较封闭，传统服饰意味较浓，其他地区民族间交往较多而服饰也趋于汉化。滇东南型服饰以其明显的支系差异表现出不同特色。滇西地区曾是古代彝族先民建立的南诏国的发祥地，妇女盛装时尚有南诏国王室贵族服饰华美艳丽的遗风。楚雄型服饰分布区是彝族支系最多、最集中之地，也是保留彝族传统文化较多的地区之一，如仍保留至今的着贯头衣、披羊皮、衣火草等古老习俗。

（1）凉山型服饰。

凉山彝族男女皆着右衽大襟衣，披披毡、察尔瓦。男子头顶蓄发称"兹尔"，俗称"天菩萨"，视其为天神的代表。缠黑头帕裹成尖锥状，斜插头帕端，俗称"英雄髻"。凉山彝族男子左耳戴蜜蜡珠，以无胡须为美，男子所用披毡由羊毛擀制的毡片做成，形似斗篷。察尔瓦是披毡的发展，用羊毛织成后再缝成披毡状。

凉山妇女戴头帕，育后戴帽或缠头帕，着百褶裙。服饰图案多为黑、红、黄等色，纹样为涡纹、火镰纹、羊角纹。妇女盛装时重颈部装饰，以颈长为美。罩衣的领与衣分离，领高齐耳，用红呢或多层红布缝制，领上贴银泡并绣精致的花纹，领口戴长方形的银牌，使之倍显端庄华贵。

大凉山彝族服饰主要有美姑式、喜德式和布拖式三种形制。

①美姑式。

美姑式服饰流行于四川的美姑、雷波、甘洛、马边、峨边及昭觉、金阳，云南的巧家等地，该地区彝族人讲"以诺"方言，俗称"大裤脚"地区，即男子服装以裤脚宽大为特点。其宽度达170厘米，观之如着裙。上衣紧身窄袖，其双袖、胸襟均有纹饰。

美姑式姑娘头顶多层折叠的黑头帕，着紧袖上衣，外套黑色坎肩，穿下摆宽大的百褶裙。裙之褶皱以多为美，有百余褶皱，裙摆达400厘米。婚后的妇女头帕层数增多，有的头帕卷成筒状戴于头顶，再用发辫压住。妇女生育后戴荷叶形夹帽，帽顶饰银质圆片或布纽，帽后正中镶贴箭形花边布条，戴时将发辫压于帽上，两耳露外。

美姑式服饰纹样多以细丝辫盘几何纹，如万字、八吉等纹，再点缀少量绣花，使服装整体具有典雅、秀丽的美。

②喜德式。

喜德式流行于四川的喜德、越西、冕宁、西昌、盐源、木里、昭觉以及云南宁蒗、中甸的部分地区，该地区彝族人讲"圣乍"方言，俗称"中裤脚"地区，即男子所着的长裤裤脚宽60～100厘米，比以诺地区的大裤脚稍窄。

该地区未婚和已婚妇女的服饰形制是用刺绣方帕盖头，帕内有多层青面红里的衬布，上绣花纹。帕的前端遮额，左右外卷，发辫从两侧缠压于头帕上；上穿紧袖衣或衬衫；外罩坎肩；坎肩袖窿和下摆均镶饰有白兔毛皮，显得别具一格。中老年妇女戴夹层荷叶帽，帽檐搭至前额而不露发。

小凉山宁蒗地区的彝族姑娘头帕呈方形，头顶垫长弧形布袋——"俄容"，用双辫压住，再戴挑花头帕，其一角搭于前额正中再用红线固定。小凉山已婚的中年妇女戴罗锅帽。黑色的四方八角的罗锅帽原是管束妇女的"法器"，现在演化为高贵之美的头饰。

该地区的服装色彩艳丽，青年妇女喜用红、绿、黄、橙等色，尤其是百褶裙下节多为饱和的原色；中年妇女则喜用蓝、绿、青等色；而越西的彝族新娘服装用明丽的黄红色。

③布拖式。

这种服饰形制流行于四川的布拖、普格及金阳、宁南、会理、西昌和云南的元谋等地区。该地区彝人讲"所地"方言，俗称"小裤脚"地区，即男子所着裤脚特小，仅10～15厘米宽。男子头包交错缠成的黑帕，无英雄结；上衣短小、颜色素，衣长40厘米，尚不过脐，以不掩腰为美；扣襻特长，富有装饰性，披羊皮披毡。

该地区妇女着浅色内衣，衣长可及踝，短可齐胯，宽衣窄袖；外罩饰满火镰纹的半臂短衣，有大襟或琵琶襟，前后开衩，能露出内衣、长袖及下摆花饰；下着羊毛织成的百褶裙，质地厚重。青年妇女均戴黑头帕，称"哈帕"，帕巾内衬一条弧形塞草支撑的硬布带，带的两端夹于发辫内再将发辫盘于布带上，再戴上折成梯形的锁花边青头帕。高耸于头顶的头帕展开于双耳两侧，如鸟翼展翅，盛装时头帕上还要装饰火镰形的银花，使之更显端庄而华贵。生育后的妇女戴竹架黑布圆顶帽，发不外露。衣裙色彩也以黑色为主，少用红、黄色。该地区妇女常在外罩一件白色的毡毛披褂，其形制为对襟无扣，领和短袖极小，只披不穿，是妇女特有的服饰，如鹰耸翅而息，颇具特色。

金阳彝族妇女包黑头帕，半臂外衣更为宽大，其装饰图案也多为火镰纹。云南元谋彝族妇女则头戴高筒青布帽（内系竹编衬架），上着浅色齐胯长衣，外罩黑色的紧身窄袖无扣对襟，绣花短褂，下着三截百褶裙，腰系三角荷包和麝香包，服装图案与布拖有所不同，但整个风格近似。有的元谋彝族妇女的裙装色彩以黑白为主，更显素净之美。

（2）乌蒙山型。

乌蒙山型彝装流行于黔、滇、川的乌蒙山区以及广西的隆林地区。乌蒙山是彝族先民文化的发祥地，又是古代中原通往西南的交通要道。过去该地区的彝族服饰与凉山地区的大同小异，明清以后发生了较大的变化。其服饰以黑为主，长衫大襟右衽，长裤，女服的盘肩、领口、襟边、下摆处均有花饰。乌蒙山型彝装又可细分为威宁式和盘龙式两种。

①威宁式。

威宁式彝装流行于贵州的威宁、毕节、六盘水，云南的昭通、镇远、宜良，四川的叙永、古蔺等县。男女皆缠黑色或白色头帕，妇女包头上戴"勒子"。穿黑或蓝色大襟右衽长衫着长裤，系白布腰带。男子服装无花纹，出门时披羊毛披毡。妇女长衫在领口、袖口、襟、摆、裤口处均绣有彩色花纹，系白色或绣花围腰，身后垂花飘带。毕节彝族女衫图案有着特别的意义，领口周围的图案彝语称"毕力妥罗"，意为"圆形宇宙"。衣衩延至下摆的卷草纹花边，形同四根柱子，汉语称为"吊四柱"。下摆及转角处有三组螺旋状的图案，形如虎头。彝语称白螺旋纹为"木普木古鲁"，意为"天父"。与之相辅的黑螺旋纹彝语称为"米莫米阿娜"，意为"地母"。它体现了彝族阴阳互补的宇宙观和以"虎"为图腾的文化崇拜。正如彝族典籍《彝族源流》所载"无垠的三十三层天，始于白色圆圈；深邃的三十三层地，成于黑色圆圈"。其服装款式又称"反托肩大镶滚吊四柱"。虎图腾"天父地母"图案在围腰、童帽、背带上都有。尤其是当地新娘出嫁时，要戴一虎头面罩，说明此习俗源于对母虎图腾的崇拜。

威宁马街乡的彝族妇女从服装款式及花纹上兼有着凉山型服饰的特点。她们头缠黑长巾，形如圆盘状，绣有火镰纹和日月纹的花带交叉缠于黑包头上；额饰银勒子，穿大襟花长衫，下穿蓝黑色的多截百褶裙，系白布腰带。赫章的方袍（贯头衣）是清代土司之妻的嫁衣，其款式体现了彝族先民的服饰特点：上开一孔，是自头笼下的贯头衣，前短后长。

②盘龙式。

盘龙式彝装流行于贵州的盘县及广西隆林一带，款式与威宁的大同小异，女装花纹较少，多包白头帕，围黑色围腰，整个服装素净朴实。

（3）红河型。

红河型彝装流行于云南南部的红河流域哀牢山区，由于其生态环境变化丰富，服饰呈现出纷繁多彩的特点。男子皆着立领对襟短衣。女装则多彩多姿，既有长衫，也有中长衣和短装。大多红河彝族人外套坎肩、着长裤、系围裙。头饰多用银泡、彩色绒线装饰，服装以饰银为美，色彩对比强烈，华贵艳丽，纹样多为自然写实风格，少用几何形。红河型彝族主要分为元阳式、建水式、石屏式三种形制。

①元阳式。

元阳式彝装流行于元阳、新平、红河、金平、绿春、墨江等县和山区。其女装很有特色，多用色彩艳丽的大红、桃红、湖蓝、翠绿等色布为面料，并且以银泡、银链为装饰，具有明丽华美的视觉效果。该地区彝族女子一般着两件衣，内衣为花饰长袖、有高衩的大襟衣，外套半臂。金平等地还着绣花坎肩，她们下着长裤，束大腰带。妇女宽大的腰带头用银泡嵌花，是该地区服饰的特色，她们称之为"尾巴"。着装时要把长衫后摆拴在腰上，以显示花腰带头，使之更为醒目。

红河流域地区姑娘多戴饰银泡的鸡冠帽或包头帕，已婚者皆包头帕。银泡坎肩是年轻姑娘们喜爱的服饰，在黑地色衬托下的银泡图案更为光彩夺目。她们下穿膝下拼接两大块蓝布的黑长裤。绿春与红河交界的彝族妇女着桃红色袖和肩的黑长衫，其托肩、袖口处用黑、白、黄、红、绿等色布补绣出极为简练的龙纹图案。

这个地区服饰华丽、浓重的特点还表现在儿童的服饰用品上，如蓝色的儿童坎肩既绣彩花又嵌金银，还饰以银鱼、银铃。背带上的绣花一层重一层，既绣又补，钉金饰银，真是华丽非凡。它们都体现了这个地区彝族妇女的审美特点。

②建水式。

建水式彝装是流行于建水、石屏、新平、峨山、蒙自、元江、个旧等半山区及坝区的服饰。该地区政治、经济、文化较发达，与汉族交往密切，其服饰相应受到汉族影响而彝族特点减弱。女装为大襟衣、长裤，套坎肩或系围腰。围腰小巧，中心绣扇形或菱形适合纹样。元江洼垤村彝族妇女穿前短后长的大襟衣，包黑头帕。蒙自妇女包缠成菱角形的浅色头帕。个别妇女头饰是戴瓦帕。

③石屏式。

石屏式彝装主要流行于石屏、峨山、蒙自、个旧、开远、屏边、金平、元阳等县的山区。

石屏式女装色彩以红调为主,点缀对比色的绿、蓝等色,整体色彩艳丽异常。其衣裤常以两种以上的色布拼接而成,使之产生鲜明的对比特点。石屏式上衣多为大襟、窄袖,外着对襟坎肩;头饰以巾、帽及大量的银泡、绒线。用绣花、挑花、银泡镶嵌是石屏式服装的主要特点,在托肩、袖口、后背、衽襟、下摆和裤口处,尤其是腰部,都是装饰的重点。石屏、峨山的彝族妇女的腰饰更精美,她们不仅有绣花腰带,而且有绣满花纹的垂于臀部的腰带头,因此被称为"花腰彝"。她们的帽顶巾用红、黑两色拼接而成,在搭于额前的部分绣有两大组马樱花,两组纹样之间用深浅交替的蓝色、绿色和粉红色布条拼成,色如"彩虹"。上衣外套坎肩,前后均为纵式花边,领围多补绣成"太阳花"。年轻的姑娘胸前还要戴一大银盘,称为"火拔母"(月亮)。两边是银的"阿奴兜"(吊奶),后背以绣花卉或彩色布条镶饰,当地称为"彩虹"。一件豪华的坎肩,不仅工艺精致,而且充满了原始崇拜的神秘气氛。长衫的后摆、肩头、袖口处补绣有火焰纹,这与彝族先民对火的崇拜有关。火焰纹图案的变化概括而简洁。

蒙自、屏边一带的年轻女子戴孔雀开屏式的红缨银泡帽,帽上又围以珠串,并且用红布缠结头发,而形成环状头带,两侧垂下红缨与珠串。老年妇女则在银帽上再覆盖上绣有花边的大黑帕,表示花样年华的不再,更显沉稳和朴实。

开远、蒙自、金平一带的彝族女子头戴高筒银泡帽,其上缀一排红缨,穿紧袖短衣坎肩,系围腰,长裤为两色对比的色布拼接缝制,使宽腿裤略显瘦小而更为干练。朴拉支系的元江、蒙自的彝族妇女头戴银泡帽,外缠粗发辫。戴大银耳环,饰彩缨穗,身着蓝长衫,外套黑坎肩。

(4)滇东南型。

滇东南型彝装流行于云南的广南、富宁、马关、麻栗坡、弥勒、开远、师宗以及广西的那坡等地。处于边陲地带的彝装部分地保留了古老的贯头衣方袍款式。该地区女装以右襟或对襟上衣及长裤为主,个别地区着裙装。滇东南型彝装又可细分为路南式、弥勒式和文西式三种形制。

①路南式。

路南式彝装流行于路南、弥勒、丘北、昆明等地。男装是火草布或麻布做的对襟上衣，外套坎肩。

女装形制为：上着前短后长的大襟衣，下穿中长裤，系腰裙，饰背披。服装色彩多为白和浅蓝，而头饰各地各不相同。

路南石林、圭山、弥勒部分地区属于撒尼支系，妇女头戴布箍，身着浅蓝或白色大襟衣，系围裙，着长裤。未婚姑娘的头箍在双耳部上下各有一对三角形的绣花布片，脑后吊一串珠并垂于胸前。布箍由红、白、黑条布相间而成，以象征彩虹，据说是为了纪念投火殉情的姑娘。已婚妇女的头箍则无三角形绣片，头箍以黑色为主，有少量花饰，背上斜挎一长方形羊皮背披。

撒尼彝族妇女擅长挑花技艺，满挑满绣的花帕常作为她们的定情之物，其上的图案大多为彩虹纹。背小孩的背带中心纹样和背带头也是挑花，有的则是白布上补绣黑色绣片，色彩对比非常强烈。撒尼彝族童帽也很有特点，帽上大部分都是挑花图案，帽后垂五条五色飘带。

该地区火草衣历史久远，《南诏通记》记载"有火草布，草叶三四寸，踏地而生，叶背有绵，取其端而抽之，成丝，织以为布，宽七寸许。以为可以为燧取火，故曰火草"。火草叶背面有白绒毛，至今撒尼彝族人还将其捻线织成火草布。

弥勒西山区的彝族阿细姑娘着蓝色、白色或黑色、白色拼接的上衣，前短后长，系红色挑花腰带。头戴梯形发箍，束发垂于后背。

②弥勒式。

弥勒式服饰流行于弥勒、华宁、宜良、文山、丘北等地。女子穿大襟衣，领、衽边、袖口处均绣花并钉银泡或亮片；系满襟的红地黑花围腰，用银链挂于胸前；头戴绣花正方形头帕，头帕的一边钉有四条1米长的飘带和银链，戴时头帕的一角朝前额，飘带、银链绕于头帕上。头帕、围腰和服装上的花用缠针绣制成，其纹样精致，富有立体感。

弥勒地区有一部分彝族是在元、明时期从昭通迁来的，其服饰风格较独特。该彝族妇女服饰随年龄而变化：幼女时穿花衣，戴饰有白羽毛的绣花长尾帽；少女时戴露发帽，着镶花边的深色衣；成年妇女未婚时戴银泡盘帽，着蓝色镶边的短衣，外套坎肩，系镶边围裙。

被称为"大黑彝"的妇女盛装时戴錾花银箍，其形如高贵的皇冠。银箍上镂空的花纹特别细腻，其纹饰有房子、花卉、乳钉等纹。内用木制衬箍，帽顶用黑布镶八角形银片及三角形银片衬托的里布。该银箍与绣衣搭配显得富丽堂皇。

③文西式。

文西式彝装流行于滇南的文山、西畴、麻栗坡、富宁及广西的那坡等地。该地区保留了彝族古老的服饰特点，如在部分地区，贯头衣在盛大节日仍作为盛装穿用。文西式服装纹样制作多用蜡染、补花工艺，尤其是男子的盛装。这种服装蜡染出细腻的几何纹样，三件配套而成，即内为对襟长袖衣、半袖衣，外为坎肩，内长外短，两侧和后襟开高衩。男子在着装时包方格头帕，系花腰带，这种服装也是结婚时女方送与男方的信物。马关彝族男装稍有变化，无坎肩，两件套的蜡染衣花纹集中在托肩、对襟、衽边、袖口和下摆，其他部位皆为深蓝色。

文西式服饰形制是：对襟织花上衣，其托肩、衽边、下摆和袖口处镶有织锦和蜡染；下着蜡染四截裙，裙上镶五彩三角形色布，色彩跳跃，做工考究。带穗的正方形头帕用蜡染与织锦拼接成。服装整体上下呼应，统一而又富有变化。该地区被称为花倮人的彝族在节日盛典时由德高望重的老年妇女穿"龙婆衣"来主持祭祀。"龙婆衣"为贯头式，款式古朴，色彩夸张而神秘。

广西那坡彝族妇女节日盛装为蜡染贯头衣，其前胸后背有蜡染的日月星辰图，衣袖和下摆镶绣几何纹的红、蓝、黑色布，彝家称此衣图案为"龙凤图"，寓意驱邪除害、如意吉祥。腰饰白莎树皮做衬的织锦腰环，"跳宫节"时要重叠穿多件这种贯头衣，她们以多为美、为富。

云南屏边妇女穿齐腰大襟上衣，其下摆装饰有整齐的菱形图案，袖口是用白、绿、红等色布拼接而成的；下着黑色的百褶裙；头戴弓形发架，上覆盖头帕并用绣花带固定。上衣下摆的菱形图案由锁绣绣成，有特殊的装饰效果。

云南富宁彝族要过跳宫节，它反映了彝族的图腾崇拜和多神崇拜。宫头服和宫主服是特制专用的，仅节日时穿用。其头顶均有极为夸张的装饰，宫主的头上用二十多支红木梳及红色鬃毛装饰，显示出了宫主所处的神圣地位。

（5）滇西型。

滇西型彝装主要流行于云南西部的哀牢山、无量山区及大理等地。这里是古代南诏的发祥地，也是彝族重要的聚居区。山区男女皆喜披有带尾的羊皮褂，这就是承袭了彝族的古老习俗。巍山、大理彝族妇女喜色彩艳丽的红、绿色相配。景东服饰也较浓艳。

①巍山式。

巍山式彝族流行于巍山、弥渡、南涧及大理的部分地区。该地区男子平时穿汉装，节日时外套布或皮制坎肩，漾濞彝族男子头包黑帕并饰英雄结。妇女包黑色高筒头帕，上缠红带，穿前短后长的大襟衣，外套红绿对比的半臂大襟短衣，下穿长裤。少女系绣花围腰，已婚妇女围黑色围腰，臀部垂绣花腰带，斜背黑布包。巍山部分地区的妇女喜佩戴圆形毡裹褙。裹褙直径30厘米，上面用黑线和彩线绣两个圆形和两个长方形图案，据说是蜘蛛纹或眼睛纹，有的地区则是绣花草纹。妇女所系围腰款式、纹样基本相同，均在下摆绣缠枝纹，两侧是蓝地黑色的盘金绣虎纹、花草纹，均有彩穗飘带。少女戴鱼尾帽，该帽为黑色面料，上装饰银泡珠串和彩穗。剑川彝族上穿白色长袖衣，外套对襟坎肩，下着三截百褶长裙，颇有凉山彝族服饰的特点，裙右侧是挑花麝香袋。

漾濞彝族妇女包黑头帕，戴银饰与绒花，穿紧袖大襟衣，套黑坎肩，戴银领饰，挂银链，系下摆绣花的黑色大围腰，着长裤。巍山地区彝族的椭圆形背儿带很特别，其上部绣满花纹，下部两角有纹样与之呼应。

②景东式。

景东式彝装流行于景东、景谷、南华、临沧及保山的部分地区。

该地区的妇女喜着桃红色或绿色上衣；戴黑地绣花满襟围腰；椎髻包黑头帕；盛装时戴密缀银泡的头饰，脑后垂数条色彩斑斓的长带。景谷的彝族妇女好穿青、蓝色上衣，其托肩、襟边处用黑布条补绣成几何纹样，头包彩色毛巾或戴饰银花的"勒子"。已婚妇女包黑头帕。

（6）楚雄型。

楚雄型彝装主要流行于楚雄彝族自治州及其相邻地区。这是古代彝族各部落辗转迁移的必经之地，也是彝族几大方言区交汇的地方，故其服饰多彩而纷繁。这种彝装既有保持古籍上称的"不分男女，俱披羊皮"，"衣火草衣"，着贯头衣、穿裙的古俗，又有大襟衣和长裤。该地区头饰多达四十余种，归纳为包帕、缠头、戴绣花帽三大类。每种头饰均有鲜明的地域特点。楚雄型彝装主要分龙川江式、大姚式和武定式三种形制。

①龙川江式。

龙川江式彝装流行于龙川江流域的牟定、楚雄、南华、双柏等地。男子服装形制仍为短衣长裤，偶尔也有着绣花上衣者。他们喜戴绣花肚兜。肚兜多为黑缎布面料，绣制精巧，纹样古朴典雅，是妻子赠予的心爱之物。男子盛装时将其挂在胸前，系于腰间，以装钱币、用品。牟定、楚雄妇女的发型特别精巧，其梳法为先挽髻于脑后，髻上缠五彩线，插银簪银蝴蝶和悬垂的银珠，再缠上数丈长的黑巾，缠成大圆盘状，直径达30厘米。发髻在黑头巾衬托下更为美丽。头巾四周戴银花、银须和绢花，更显其娇艳。老年妇女包黑头帕，系花围腰，但仍保留了披羊皮披肩的习俗。

这个地区的绣花围腰特别精美，花饰从边缘到中心共有五六层花纹，一层比一层美丽，色彩为深衬浅、蓝衬黄，相互衬托，整体明快艳丽。

②大姚式。

大姚式彝装流行于楚雄北部的大姚、姚安、永仁等县。女装形制既有大襟衣和长裤，又有对襟衣和中长裙。服饰色彩艳丽，喜用红、蓝、黄色做服装面料，以黑、黄、红等色镶嵌花边。

大姚桂花女装风格古朴，上衣前短后长，对襟、无扣，其衣裙、绑腿均以黑布为地，上补绣红、黄和少量绿色花布。上衣为竖纹，裙为横条，全身花纹如同虎皮，故称之为"虎纹衣"，这体现了彝族先民崇拜黑虎的原始文化。大姚县华山彝族每年一度的赛装节是妇女从头至脚打扮得花枝招展的日子，她们用服装上的挑花刺绣来展示自己的智慧与才能，绣花头帕是大姚、姚安妇女的重要头饰，上面多绣马樱花纹样。她们所系黑色围腰也绣满了马樱花。男子对襟上装的左上方衣袋绣马樱花纹，下面的两个衣袋则绣虎纹，体现了对虎的崇拜。

③武定式。

武定式彝装流行于武定、禄丰、永仁、元谋、禄劝及寻甸等地。青年女装形制为右衽大襟衣、长裤，系围腰。盛装时衣服绣花颇多，有的地方喜用丝穗或银穗饰于托肩、下摆，并饰有传统纹样的火草披风。其绣工精巧，风格古朴。中老年妇女则披羊皮褂。

不同地区女子所戴绣花帽也不同：如武定的鹦嘴帽，元谋的樱花帽，禄丰的缠满红绒线的蝴蝶帽，永仁的鸡冠帽，禄劝、武定的妇女则戴红毛绒帽。它们形成各地服饰的重要标志。禄劝妇女善将补绣、平针绣和钉金结合运用于服装和围腰上，做成精巧的图案。她们的背带刺绣也极为精美，花、鸟、蝶、鱼非常生动。

寻甸、禄劝、师宗等地的山区被称为"白彝"，妇女穿白色绣红花的贯头衣，盛装时内穿无扣彩袖短衣，外套黑色对襟无扣坎肩，下着红、蓝、白三截细褶裙，外套贯头衣。正如清代志书所载"妇女胸背妆花前不掩胫，衣边弯曲如旗尾，如襟带上作井口，自头笼罩而下，桶裙细折"。

3.彝族服饰的文化内涵

彝族服饰繁多，仅以云南的彝族而言，其服饰就达百余种。在这形形色色的服饰中不难看出彝族的文化内涵。彝族服饰的形制、色彩、纹饰都遵循着彝族千百年来在宗教、哲学、美学、习俗方面的特有文化，即尚黑、尊虎、敬火、崇武和多神崇拜、万物有灵的信念。

（1）尚黑。

由于彝族人喜着黑色服饰，以黑为贵，以黑为美，在唐宋时期就被称为"乌蛮"。在唐樊绰《蛮书·云南管内物产第七》记载"大虫（虎）南诏所披皮，赤黑文深……文浅不任用"。这段文字述说了唐时南诏王（彝族先民）服饰选用虎皮，浅色不用。彝族自称"诺苏""纳苏"，"诺""纳"在彝语中为"黑"之意，"苏"为人。彝文史籍《彝族源流》称"深邃三十三层地，成于黑色圆圈"。彝族人用黑色代表人类与之依附存在的大地一刻也不能分离。彝族不管男女老幼皆全身着黑色衣饰，并以此显示自己身份的高贵和等级的森严，因为在奴隶社会时贵族自称为"黑彝"（黑罗罗），把部落成员的奴隶称为"白彝"（白罗罗）。凉山彝族妇女所穿的三截彩色百褶裙，黑彝就比白彝镶的黑布条宽。黑布条越宽表示地位越高贵。黑彝老年妇女只穿黑衣黑裙，仅以少量的色彩点缀也表示了老人在家庭中尊贵的地位。

（2）尊虎。

古时，彝族人曾以黑虎为图腾。他们自称为"虎族"（罗罗）。南诏王室前五代姓名均带有虎意：细奴逻、逻盛、盛逻皮、皮逻阁、阁逻凤。其中"逻"在彝语为"虎"之意。元代李京《云南方志略·诸夷风俗》记载"罗罗即乌蛮也。酋长死，以虎皮裹尸而焚，其骨葬于山中……年老（死）往往化为虎云"。明代文献《虎荟》卷三记载：云南彝人，呼虎为罗罗，老者化为虎。彝族民歌《罗喱罗》即是对虎的赞歌。彝族史诗《梅葛》称虎解体后生成天地万物，虎的左眼化作太阳，右眼化作月亮，牙齿化作星星。这体现了彝族的虎宇宙观。每年的正月初八至十五，云南楚雄彝族人要过世代相传的"老虎节"，即虎图腾节。由推选出的年轻健壮的男子扮虎，披上黑灰色的毡子做虎皮，脸上用黑、红、黄等色化装成虎形。据说过"老虎节"会人丁发达、六畜兴旺，可免天灾人祸。以虎皮做衣饰或仿虎形为衣饰是该民族服饰的特点。《新五代史·四夷附录第三》记载"昆明（彝族古称）……其首领披虎皮"。彝族人从尊虎到以虎皮、虎纹为衣饰的习俗一直流传至今。

云南乌蒙山原是彝族先民文化的发祥地，今天在服饰上保留了对虎图腾崇拜的痕迹。如毕节彝族妇女出嫁时要戴虎头面罩。这种经变化的螺旋状虎头纹在毕节彝族女长衫的下摆有三组，并且还出现在童帽、背带等处；云南大姚的彝族妇女穿满身是黑红两色条纹的衣服，被称为"虎皮衣"，男子蓝色的对襟衫上也绣有黄色的虎纹；武定的儿童的虎头鞋，均体现了远古彝族人对虎图腾的崇拜。

南涧彝族黑色的挑花方巾上的"八虎纹"，边沿是"跳脚"（跳舞）的人形纹，所反映的正是虎节上人们虔诚祝福的热烈气氛。

（3）敬火。

崇敬火是彝族人民重要的信仰。彝族每家每户均有火塘，他们视之为火神的象征，严禁人畜触踏和跨越。火又代表了吉祥，因而彝族有以火驱害除魔、祈求五谷丰登的"火把节"。石屏、峨山的彝族妇女将燃烧如蛇舌般的火焰变化为美丽的纹样绣于长衫后摆、环肩、袖口处。火镰是凉山彝族取火的重要工具，火镰纹也就成为该地区服饰的主体图案。彝族人所戴的银项圈、银头饰均用火镰纹。

（4）崇武。

崇武是彝族的重要民族性格。彝族人以骁勇善战、英勇不屈而著称。崇武体现了该民族不断向上、乐于进取的精神，在历史变革中也出现了不少的英雄人物。过去，彝族专门备有械斗的服装，如战袍、披风、掩膊、护腿等。彝族武士戴头盔，穿铠甲，戴护手筒、护腕，全身上下飒爽英姿。其战袍色彩强烈，是用红、蓝、白等羊毛布拼接而成的，通体密纳、坚实厚重，可御刀剑。

日常彝族男子穿戴也颇具英雄气概，头帕缠成尖锥状的英雄结，上衣紧袖、短衣长纽扣，斜挎战刀，佩戴"图塔"（战刀系带），披上黑色披毡，全身上下皆为阳刚之美，是其他民族男子所不具有的。

（5）多神崇拜、万物有灵。

彝族表现在服饰上的多神崇拜除对虎、对火的崇拜外，还包括对天地、日月、星辰的崇拜，对龙、鸡、马樱花（杜鹃花）、蕨草的崇拜。彝族人认为天神为万物的主宰，除在家中供奉外，大凉山彝族男子额前顶还留有一剪成方形头发编成的小辫，称之为能主宰自己吉凶祸福的"天菩萨"，严禁他人戏弄、触摸，否则与之拼命搏斗，以保护天神的尊严。不少地区的彝族妇女服饰上镶有彩条布，意为"彩虹"。彝族人衣服的领、头帕上绣有太阳花，衣背、前胸、中老年妇女的荷叶帽以及男子毛毡斗笠上钉日月形的银片。这些都体现了彝族人多神崇拜的信念。

关于龙的崇拜在《后汉书·南蛮西南夷列传》中有记载"九隆"的传说，由此留下"种人皆刻画其身，象龙文，衣皆著尾"的习俗。峨山、石屏彝族被称为"尾巴"——姜丽的腰带头以及彝族妇女大多穿前襟短而后襟长的长衫，以象征尾饰。在服装的环肩、袖口等关键部位绣上变形的龙纹，既赋予服装象征意义，又有极强的装饰性。彝族在关于天地起源的传说里，把公鸡奉为呼叫日月的有功之臣。为了纪念它，不少彝族地区的妇女都戴鸡冠帽。鸡冠纹则是凉山彝族服饰必不可少的图案，在他们的头帕、衣襟、肩臂上都用彩线绣成锯齿状的鸡冠纹。

彝族称马樱花为"咪依鲁"，是指高山杜鹃。它生长在海拔两三千米的高山地带。彝族视马樱花为先祖的化身，含有图腾作用。有些地区的彝族人用马樱花木制作祖先的灵牌和先祖的像。每年还要举行盛大的"马樱花节"。它对彝族文化、艺术产生着深远的影响，并被广泛地应用在服饰上，如头帕、围裙、背带上均以马樱花图案做装饰。

（七）门巴族服饰

门巴族主要聚居在西藏自治区东南部的门隅和墨脱一带，地处喜马拉雅山东段南坡，在上珞渝及与之毗连的东北边缘地带也有分布。他们与藏民交错杂居，服装款式受其影响，尤其是受工布地区藏式服装的影响较大。由于门巴族人的居住地区温暖，故服饰更为简约，色彩也更为鲜艳。

1.男子服饰

门巴族男子内穿白色布衣，其形为右衽斜襟，有袖无扣，长至膝盖。其外罩赭色布袍或氆氇袍，较藏袍短小，衣摆开衩；系腰带，上挂短刀和长刀各一把，另挂烟袋等物。墨脱地区气温高而潮湿，男女均穿用棉麻织成的白袍，原料来自藏区或尼泊尔；长袍亦系腰带，挂砍刀和叶形小刀。

门巴族男子除戴礼帽外，门隅北部地区还流行一种"八鲁嘎"的帽子，意为"黑顶帽"，是传统的男子头饰。该帽呈筒形，帽顶为黑色的氆氇，帽身为红色氆氇，翻檐是橘黄色绲蓝边，帽檐有一缺口，戴时缺口置于额前偏左。当地男子一年四季都戴此帽。

2.妇女服饰

门巴族妇女服饰可分为门隅地区和墨脱地区两大类型。

①门隅地区服饰。

妇女衣着比较艳丽，与藏族服装更为接近。内衣多以柞蚕丝绸为面料，无袖、无扣、无开襟，开有领口，贯头而入。内衣外罩红色或黑色的氆氇长袍。袍右衽斜襟，无扣，领缘饰孔雀蓝边，袍长至膝下。腰系白色的氆氇围裙，有的围裙右下角还用黑线绣有树枝状的纹样，犹如符号标志，非常奇特。腰缠红色长腰带，全身大块的黑白色服装与红色腰带相配，色彩极为鲜亮。胸前还要佩戴"嘎吾"、绿松石和红珊瑚项链，是服饰的重要点缀。门隅妇女终年戴"八鲁嘎"小帽，只是戴法与男子不同，檐上的缺口向右边，并且将发辫和彩色丝穗缠于帽上。邦金地区戴盔式帽，上插孔雀翎，帽下缀若干飘穗。

门隅地区的邦金、勒布一带的妇女还有一种不同于其他地区门巴族妇女的装束，她们习惯在背上披一块完整的牛犊皮或羊皮。妇女穿着的牛犊皮一般毛向内而皮板朝外，头朝上尾朝下，四肢向两侧伸展。这一特殊装束源于民间传说：文成公主进藏时，曾披一张毛皮以避妖邪，后将此毛皮赐予门巴族妇女。从此，每逢婚礼、节庆日妇女们必将换上一张新牛犊皮，像换新装一样。新娘更看重这种装束，出嫁时在嫁衣上必须披上一张新的小牛皮。这种习俗不仅具有特殊的审美功能，还具有实用功能。门巴族妇女常年背负重物，背披牛犊皮可作为背物时的垫背。另外，门巴族聚居地温热潮湿，牛犊皮可以防潮护腰。门巴族小女孩也戴橘黄色翻檐的"八鲁嘎"小帽，穿斜襟氆氇长袍，胸前戴珠串，显得天真可爱。

②墨脱地区服饰。

墨脱地区的门巴族妇女服饰与门隅地区差别显著。穿白色、黄色或红色上衣，下着竖条纹筒裙，裙摆上缀有飘穗。外套自纺、自织的黑色、红色或条纹的棉布或氆氇长袍。这种袍无袖、无扣，两侧不缝合，仅缏上边，中间开口为领，贯头而入，是最为古老的传统服装款式。穿袍时腰部系红色腰带。女性留长发编辫，辫子缠上彩色的绒线后盘于头顶。青年妇女梳双辫。门巴族妇女喜佩首饰，耳环用绿丝线串缀绿松石、玛瑙石，胸前戴珠串项链。男女均戴手镯，用铜或银制成。

（八）哈尼族服饰

哈尼族分布于云南省红河与澜沧江之间的哀牢山、无量山等广阔山区，他们主要聚居于元江、墨江、红河、绿春、金平、江城等县。零散居于澜沧、孟连及西双版纳的勐海、景洪等县，有少数居住在禄劝、易门、石屏、屏边等地。

1.哈尼族服饰发展概述

具有悠久历史的哈尼族是由来自北方的氐羌游牧民族与南方的百越农耕民族融和而成的。《尚书·禹贡》记载：称哈尼族为"和夷"。"哈尼"有"山居的人"之意。他们大多居住在海拔2000米左右的高山地带。千百年来他们创造了"梯田文化"。古文献称赞其"土田多美，稼穑易丰"。他们在高山种出稻谷，开辟出美丽的梯田，被国际人类学家称为"真正的大地雕塑"。

哈尼族受高山、大河的阻隔，形成支系繁多、服饰纷呈的特点。其服饰变化既体现在支系间的区别，也表现在地域上的差异。但无论哪个支系都较多地保存着固有的传统服饰特点。关于哈尼族服饰特点，明代景泰的《云南图经志书》有记载：和泥蛮者，男子剪发齐眉，头戴笋箨笠，跣足，以布为行缠，衣不掩胫……妇人头缠布，或黑或白，长五尺，以红毡索约一尺余续之，而缀海贝或青药绿玉珠于其末，又以索缀青黄药玉珠垂于胸前以为饰，衣桶裙，无襞积。女子则以红黑纱缕相间为饰缀于裙之左右。清康熙《楚雄府志》和其他的府志、县志也有相关的记载，内容不尽相同，唯"男子剪发齐眉，衣不掩胫"的特征大体相近。而关于哈尼族妇女服饰则为"妇女辫发，饰以海贝，红绒青绿绕珠为璎珞，垂于头额"。《云南通志》"卡堕（哈尼族先民）……男女穿青布短衣裙裤，红藤腰箍缠腰"。辫发饰海贝、青布短衣裙裤仍是今天哈尼族各支系服饰的特点。今天红藤腰箍仍是哈尼族妇女的腰饰，有的则演变为腰带。清代乾隆年间《景东直隶厅志》称"窝泥，男服皂衣，女束发，青布缠头，别用宽布帕覆之"。哈尼族皂衣、青布缠头的习俗一直沿用至今，形成该民族服饰尚黑、全身上下以黑为主的特点。

2.哈尼族服饰的区域形制

哈尼族服饰种类繁多，各支系服饰差异较大。由于历史原因，哈尼族内部形成了哈尼、豪尼、碧约、卡多、布都、白宏、爱尼等七个人数较多的支系，另外还有奕车、期约、各和、哈欧、西摩洛等支系。各支系男子服饰变化不大，主要是妇女服饰在形制、款式、纹样、着装方式上差别较大。

（1）男子服饰。

哈尼族男子服饰的形制一般为：包黑头帕，有的地区包有穗头帕；上穿青蓝色的对襟短衣或无领左衽短衣，袖窄长及腕，用布带、银饰或银币做纽扣；喜着多层上衣；下穿裤管肥大的青蓝色长裤。

（2）妇女服饰。

哈尼族妇女服饰形制一般为：上穿右衽短衣，以银币、银珠或布带做纽扣；下身穿着各地不同，主要有长裤、短裤、褶裙等。服饰上多用银泡、银片装饰，并且以银链、银币做胸饰。她们喜戴银饰，如银耳环、银项圈、银手镯等。哈尼族妇女服饰依据其地域分布主要有以下五种服饰形制。

①元江哈尼服饰。

元江哈尼族居住集中，那诺乡哈尼族人占93%，为哈尼族支系，哈尼语称其为"糯比"。

糯比妇女发式很有特点。少女及已婚未育妇女留长发，其梳法为：用红头绳将头发勒于额部；然后从正中分开，将两侧发梳于耳后，耳侧留一股头发搭于耳前；最后戴一黑色绣花小帽，帽前缀满银泡，后缀有五竖排银币，小帽顶缠两串银珠，使之更有变化。已生育的妇女不戴小帽，而是编双辫交叉盘于头顶，辫梢从两耳旁下垂，再包黑色的小方帕，使之显得端庄朴素。

少女及未育妇女均穿黑地或白地方块图案的绣花对襟短袖上衣，衣长在肚脐之上，钉银币为扣，但不扣，仅做装饰；下着宽肥的长黑裤；穿翘头绣花鞋；系绣花腰带。已育妇女穿黑色无花斜领右襟短衣，窄袖尖摆，衣短及脐；下着肥腿黑长裤，裤腰系得很低，以露脐为美；系黑色腰带，绣放射状花纹的箭头状腰带头垂于臀部，称为"比甲"；再系一黑色小围腰，绣有三条彩线，围腰带头有黑、红、白穗，拴后垂于臀部；胸前戴银饰，多为银铃、银链，必有银质小鱼，这与哈尼族民间流传的人类起源传说有关。

②元江豪尼服饰。

元江哈尼族的豪尼支系在哈尼语中又称"多塔"。其妇女服饰形制为：上穿斜领右襟黑色短衣；下穿后面有细褶的齐膝短黑裙；缠上蓝下黑的布绑腿，系黑色的围腰和腰带，腰带头绣红色、黄色、绿色放射状花纹。豪尼女还在左肩斜披白地黑纹布条组成的披肩。两肩披绣有放射状花纹的白带，上面再重叠披绣花的黑带。她们在戴银泡发带的头上再戴一大竹笠，并且将黑白花带固定在竹笠两侧。豪尼支系全身服饰整体形成巍峨耸立的正三角形，令人肃然。豪尼妇女祭祀祖先、节日庆典时均穿盛装，正如史籍中称之"头戴箨笠"。

同是该支系的另一村寨咪哩，与元江相隔一大山，其服色亦为青蓝，但款式、纹样变化很大，妇女包绣有涡纹的黑头帕，上穿斜领窄袖短衣，戴银项圈及银链，下穿青裙，系围腰，打绑腿。

③西双版纳爱尼服饰。

a.服饰形制。该地区爱尼妇女服饰丰富多彩，多用银饰。其服饰形制为：穿贴身胸衣，长约30厘米，由大银泡和小银泡组成，穿着时仅用一条带斜挎于肩上，遮住乳房；外着黑色窄袖对襟或右衽短衣，衣袖上镶饰红、白、蓝等条纹，后背挑绣几何形图案，犹如象形文字一般。无扣以亮出胸衣为美；下着长不过膝的黑短裙，一般系于脐下髋骨处；已婚者系得更低，只遮住臀部的下半部；腰系缀有海贝的花腰带，两端垂彩色的珠链，颇为俏丽。

b.头饰。爱尼妇女头饰丰富多彩，可分为尖头爱尼、平头爱尼和扁头爱尼。金平地区的尖头爱尼特别引人注目，其帽顶如花篮，由竹篾做成支架套在包头上，再缀以银泡、银币，红色的羽毛、绒球，垂吊多串料珠、草珠，另外还插十余对骨簪和绿色的硬壳虫，这说明少女有不少的异性追求者。勐海地区的尖头爱尼头饰稍有不同，她们将高耸的头饰置于脑后，两侧插羽毛、珠串。平头爱尼聚居于澜沧县一带，其妇女以大包头为特点，包头顶部呈水平状，故名"平头式"。包头上装饰红色布条、银珠串以及羽毛。扁头爱尼聚居于勐海地区，其头饰是由三大梯形块面组成的红帽，上缀满银泡、银币，如银盔一般，特别华贵。

爱尼妇女在日常劳动时穿便衣，仅保留银胸衣，包白色头帕。

c.服装的图饰。爱尼妇女服饰上的图饰主要集中于后背，皆为挑花的几何纹，以明度近似的红、绿、蓝等色构成，挑在黑地上，再以白色提亮，形成有节奏的跳跃，整体色彩明亮、色调调和。这以勐海爱尼人上衣最为突出。挎包是爱尼妇女重要的饰物，其上挑绣色彩斑斓的几何纹，有的黑布包上用红、白、绿线锁绣成整齐的横条，形成有韵律的繁简变化。包中心再饰以银泡、银币，色彩极为绚丽。爱尼姑娘外出时必须挎包，这使得整体服饰更显俏丽。

④红河流域奕车服饰。

哈尼族奕车妇女服饰别具一格。她们头戴三角形白色尖顶帽，称为"帕常"。奕车妇女上着黑色对襟衣，其上衣又分为外衣、中衣和内衣，均无领，袖长及腕，以多衣为荣。节庆盛装时穿九层衣。外衣称为"却巴"，斜领无襟，亦为九层。其下摆呈半圆形，两侧开衩呈圆弧状，形似龟壳，俗称"龟式裳"，右侧布扣悬垂两组布穗，每组约17根。内衣多为小坎肩，也是九层，下摆有银饰品。她们下穿紧身短裤，裤管短至大腿根部，以紧勒出臀部形状为美。系红色腰带，上缀银花，也系有银铃的腰饰。奕车妇女的白色尖帽与短裤的服饰造型来源于不少优美的传说。相传是对祖先征战的纪念，但也可能是与高山地带水田劳作有一定的关系。日常劳动时，奕车姑娘少戴银饰，对襟上衣均不扣。有的隐约地露出右边乳房，这与当地的婚俗有关。

⑤红河流域哈尼族服饰。

红河、建水一带的哈尼族妇女头戴银泡帽，将缀有银泡的大辫缠于帽顶，披有穗的黑头帕；上穿对襟长袖短衣，外套以银币为扣的坎肩，下着腿窄如马裤似的黑裤，扎黑绑腿，显示出精干强健的美。她们在胸前戴1～4个大银牌，称为"比索"，是"四鱼胸饰"，图案表现了哈尼族人创世的传说，以长身细鱼代表祖先，圆牌及圆形图纹饰代表日月，小圆点代表海水。

红河的哈尼族姑娘穿的黑上衣前襟为窄长襟，胸前和襟边钉满银泡，并间以红布条，下摆镶三条挑花边。她们系蓝边黑围裙，拴系挑花宽腰带，戴缀有银泡的黑色小帽，帽顶饰红、黄等色穗须，胸前挂鱼形银饰。

元阳的哈尼族妇女服饰除以黑色为主外，还以大量的红色相配，如黑头帕上缠红带、红缨，红地银泡云肩，红色袖口和腰带，全身色彩极富生命力。

红河、绿春的哈尼族妇女穿对襟式银泡坎肩，用四千余枚小银泡缀饰，胸前方形银花称日月纹，小银泡是露珠、格花图案，寓意"田园、道路"，制作非常精美。绿春哈尼族婚礼服的装饰集中在头饰和上衣，挽髻于头顶并缠红、黄线和红绒球，上衣袖用红、黄、蓝、绿、白等彩条拼接而成，下装则为黑色。

金平哈尼族妇女包黑头帕，用红色头箍固定，再戴上两串银珠，头的左侧悬垂一组银链；上穿蓝色右衽大襟短衣，托肩、襟边和袖口镶饰黑色宽边和小花边；下穿如喇叭式的由黑和蓝布拼接成的大脚裤，在膝盖处用花边分割成两大色块；外衣内穿前襟短、后襟长的内衣。

哈尼族老年妇女服饰多为青蓝色，包带端有穗的青头帕，青色上衣较长，至膝，下穿绣有花边的黑长裤。儿童服饰色彩较艳丽，童帽多绣花并缝钉有银币、银泡，衣裤上均镶花、绲边、钉银币为扣。

3.哈尼族服饰的文化内涵及工艺

哈尼族服饰较多地保存着本民族固有的传统文化，具有丰富的内涵，如哈尼族的创世传说、始祖崇拜、婚姻状况在服饰中都有反映。

（1）服饰上的创世传说。

哈尼族妇女最珍贵的首饰是银鱼胸饰。不同支系、不同地区的哈尼族妇女盛装时均要佩戴它。它体现了哈尼族人对鱼的图腾崇拜。在哈尼族民间流传的《烟本霍本》创世神话中称：远古时代海里游着会生万事万物的金鱼娘。她生出了天神、地神、太阳神、月亮神、男人神、女人神等。银鱼胸饰正是为了纪念创造天地万物的金鱼娘。

哈尼族糯比妇女所系长腰带，箭头形的带头垂于臀部，她们称为"尾巴"，以象征燕尾的"比甲"。哈尼族创世祭祖的史诗《朵儿》称：当天地万物分开后，燕子最早飞翔于天地之间，它衔来种子并孵化出了哈尼族人的始祖。系上"比甲"正是表示自己是燕子的后裔。

（2）服饰上祖先崇拜的反映。

哈尼族人把祖先从遥远的北方迁移而来所经历的坎坷与苦难均记录在服饰上。他们保留了让亡魂归祖的习俗，在丧葬活动时元阳哈尼族送葬歌手要戴一种叫"吴芭"的帽子。帽上绣的花纹记录了哈尼族人迁移南下的历程。帽顶绣红、绿、白涡形花纹，代表天国；帽边用犬牙纹表示对狗的崇拜；四周是五个三角形组成的帽身，代表哈尼族人经历的五个地区；三角形内有树形图案，是他们崇拜的万年青树，由三部分组成，下面两个半圆形代表树根，象征头人，中间两个半圆形是树干，代表"贝玛"（祭师），上面三个叉代表树尖，象征工匠。帽上的图案是先祖迁移的发展史，据说可让亡魂随之回到祖地。

（3）服饰是婚姻状况的表达。

在传达哈尼族妇女恋爱或婚姻的信息方面，服饰起到了重要的作用。其中比较突出的是爱尼妇女的头饰变化。年满17岁的姑娘要摘掉小圆帽，改戴缀有银牌的"欧丘丘"，以提示小伙子可以向她求爱了。求爱者人数不限，姑娘将求爱者赠送的十余对骨簪、一串串的绿色硬壳虫插在头上，以示追求者之盛多。姑娘18岁开始留鬓角，表示可以出嫁。若姑娘在"欧丘丘"上包块黑布，是宣告自己已经名花有主了，暗示旁人不要再追求，同时也是自律言行的一种方式。

奕车妇女发式一生中有多次变化。少年时梳小辫，据说象征祖先迁移的12条路线；16岁成人改梳一条大辫并盘于头顶。新婚后常住娘家仍可盘发于头顶，但一旦回到男方家的寨门后要立即放下盘发，以示对男方长辈的尊重。生育后的妇女改辫子为独角发式。

元阳五区哈尼族少女盘单辫于头顶，已婚者梳双辫。而六区未婚者垂辫，已婚者盘辫于头顶。西双版纳思茅地区及澜沧爱尼妇女未婚者裙子系得很高，紧接短上衣，已婚的中老年妇女裙子系得很低，使腰部裸露在外面。

（4）哈尼族服饰的色彩与工艺。

哈尼族服饰尚青黑，服装皆用蓝靛染成。哈尼族人善于种植靛草，所制染料称为"靛油"。在史籍中记载为"哈尼特产"。哈尼族妇女亦善纺织，染成的"八寨青布"在清乾隆年间即已闻名于世。今天，纺织染色仍为哈尼族妇女重要的副业。哈尼族人家屋前屋后皆种靛草，自己织成的布先染后缝，或先缝后染，穿旧的衣服常染常新。哈尼族人喜穿黑衣服源于一个动人的故事：古时候哈尼族人穿白色的衣服，后来两个妇女采集果实，遇到鬼魅，在逃避时白衣被靛叶汁染成黑一块，青一块，从而较成功地使自己隐蔽于密林中，躲过了鬼魅的纠缠。此后，妇女们一直用蓝靛染衣服。另一说法是哈尼族创世古歌中说天界是红色的，大地是黑色的，穿黑色服装与大地一色，以防鬼魂侵害，头上喜用红色头饰或红缨穗，代表天界神灵的庇护。

哈尼族人喜戴银制首饰，服饰上亦有大量的银泡、银币做装饰，如绿春哈尼族妇女的银泡坎肩，以及元阳哈尼族妇女的银泡坎肩。在黑地色上，银泡的花纹显得璀璨夺目，具有特殊的美感。另外，追求银饰以炫耀富有，或认为银饰能招来更多的财富。"女人常戴银饰，家财才旺"也是哈尼族人流传的一种说法。银制品成为哈尼族服饰的主要装饰手段。

四、中南及华东地区少数民族服饰

（一）壮族服饰

壮族源于我国古代南方的越人，是我国人口最多的少数民族，大部分居住在广西壮族自治区，其余的居住在云南文山、广东连山、贵州东南部和湖南江华等地。壮族人主要从事农业。壮锦早在宋代已闻名天下，壮族的纺织业为该民族服饰的发展奠定了坚实的基础。

1.壮族服饰发展概述

宋代范成大在《桂海虞衡志·志蛮》记载"椎髻跣足，或着木屐，衣青花斑布"。清初，顾炎武在《天下郡国利病书》中记载，壮族人"花衣短裙，男子着短衫，名曰黎桶，腰前后两幅掩不及膝，妇女也著黎桶，下围花幔"。《广西通志》称"男女服色尚青，蜡点花斑，式颇华，但领袖用五色绒线绣花于上"。清代傅恒的《皇清职贡图》以图和文详细地描述了壮族人的服饰：男花巾缠头，项饰银圈，青衣绣沿，女环髻遍插银簪，衣锦边短衫，系纯锦裙，华饰自喜，能织壮锦及巾帕，其男所携必家自织者。

从以上记载可以看出壮族服饰的特点：服色尚青，多着短衫锦裙，喜饰银圈、银簪。近现代大部分地区的壮族服饰已从衣裙型逐渐向衣裤型转变，只有偏远的山区仍保留衣裙型服饰。

2.壮族服饰的形制

人口众多的壮族分布范围较广，服饰呈现区域性和多样性特征。

（1）男子服饰。

壮族男子服饰各地差异不大，一般上穿青色对襟短衫；下着宽腿长裤，系腰带，腰带多为2米多长的家织土布；头包头帕或戴笠帽。山区年长男子喜着斜襟长衫。

（2）妇女服饰。

不同地区壮族妇女的服饰差异甚大，其服饰的区域形制可分为六类地区。

①广西北部地区。

广西北部地区妇女内穿深蓝色或有小花的短上衣，外套长及腰间的白色对襟无领上衣。上衣胸前有两组纽扣，"V"字领能露出带花纹的深色内衣，内外相互衬托，显得清爽秀丽。下装是青蓝色长裤，膝下镶有一宽一窄两道红色或蓝色的花边。她们在头上包印花或提花毛巾，脚穿绣花鞋。三江的壮族妇女与前者相反，内穿浅蓝碎花衣，外套对襟黑衣，"V"字领亮出浅色内衣，胸前仍有两组纽扣，袖肘镶花边，接翠蓝袖口；下穿长黑裤，镶一宽一窄两花边；包花头帕，戴斗笠。桂西北龙胜妇女服饰稍有不同，上衣镶五色打缆，下穿齐膝绣花裙，脚穿尖头蝴蝶鞋。

②广西红水河流域。

广西西北红水河流域的南丹、东兰县壮族妇女，多穿自织的细花格灰色衣裤，包灰头巾或白头巾。上衣无领、大襟右衽，在盘肩、袖口、襟边镶黑色宽边和一条窄边，上绣五彩花卉纹，再以五彩丝线画龙点睛地绣上图案，使衣服典雅中显出秀丽。下装是蓝色长裤，裤是外镶饰挑绣精美纹样的黑地布，与上衣相呼应。其花纹为多对的五彩凤鸟纹，夸大的羽冠和尾羽适应于二方连续构图，显得自然生动。

南丹、巴定壮族妇女用白毛巾包头，少女外出则将长条白毛巾折叠三四折后呈方形，再搭在头顶；腰围满襟黑围裙，围裙上端绣有精美的寿字纹、凤鸟纹。巴马一带的壮族妇女包红花头巾，着灰色或青色衣裤，脚穿花鞋。

③广西右江地区。

广西西部右江流域的那坡、隆林、百色、靖西一带壮族妇女较多地保留了壮族的传统服饰。那坡妇女穿靛蓝染成的蓝黑色土布制成的服饰，从头到脚都是青黑二色，称之"黑衣壮"。妇女挽髻于脑后，插银簪和银钗，再包蓝或黑色长巾，使之呈扁平的梭形。其包法特别：将头巾左右交叉重叠在头顶，有花纹的帕端露在上面。脑后的银饰露于头帕外。上衣短而窄小的斜领、大襟、右衽衣，仅到肚脐，两侧开衩，下摆呈弧形。襟边、下摆、袖口均绲蓝或镶白牙边。下装是宽脚长裤，外套长到膝下的百褶黑裙，走路时将裙摆提上并掖于腰间。由于上衣、长裙和长裤三层长短各有变化，故又称此装为"三层楼"。

隆林县的壮族妇女也穿"三层楼"式的服装，只是服色不全是黑色，还采用蓝色细格布为料。款式与那坡地区相同，为斜领大襟，领缘镶黑边并绣花；无扣，在腋下钉有三组黑带系之；衣短小，下摆呈圆弧形，绲深红细边。下装是与上衣一致的蓝色细格布百褶短裙，裙摆印有黑色花边，内穿黑色长裤。

百色地区的壮族少女穿短黑上衣，两侧开衩并绲花边，挽白色袖口；下着蓝白细格纹百褶裙，内穿黑长裤；挑有黑花边的白头帕横搭于头顶，帕穗垂于肩上；脚穿湖蓝色绣花鞋。中年妇女服饰与之有所不同，穿黑短裙，头帕缠在头上。

④广西左江地区。

左江流域的大新、靖西等地区的妇女着大襟右衽白色袖衣，围满襟绣花围腰，有的地区在浅色上衣的盘肩处镶黑色打缆；下穿黑裤，裤脚处有一道花边图案；包白色或浅色花头巾，交叉地盘于头顶成梭形，有穗的两端自然地垂在肩上，显得飘逸潇洒。

龙州一带壮族姑娘额梳刘海，留短发，表明没有对象；把刘海梳向右边并用发夹夹起，表明已婚但尚未生育；无刘海而挽髻则是母亲的发型。大新县宝圩壮族妇女穿短衣长裙：上衣短而紧，仅长尺余，盘肩、袖口、襟边处均镶彩色花边；黑色长裙为围裙式的扇形。

她们系裙的方法特别：先将裙从前面围到后面，再绕到前面用系带打结，然后把左边裙底插到右腰间，右边裙底插到左腰间，在腰后形成交叉的裙幅。

⑤广西东部地区。

贵港一带壮族妇女用白地花布做头巾，穿青色或灰白色上衣，下着黑裤。贺县妇女包绣红花的黑布头巾，外扎红带，着无领右开襟黑土布上衣，贺县妇女包绣红花的黑布头巾，外扎红带，着无领右开襟黑土布上衣，袖口饰一粗一细两道白条，镶青白色边，扎红腰带。

⑥云南文山地区。

云南壮族主要分布在文山地区，其他各地也有少量分布，服饰差异除支系区别外，地域性差异也很明显。妇女虽然多着短衣长裙，服色以黑、蓝为主，但服装款式很多，按支系又可细分为布依式（依人）、土僚式、沙人式。

a.布依式。布依妇女的服饰形制为：上着对襟黑色短衣，在领缘、襟边和弧形下摆处钉有银泡，袖口和摆边绣有花纹，十分精致；下着百褶黑裙，衣小巧而轻，裙长大且厚重，有"衣不盈握而裙够马驮"之喻；头挽髻插簪并以黑帕缠裹，裹后再以绣花方帕覆顶。

b.土僚式。土僚式形制为：上着青黑色斜襟短衣，在前襟胸腹部或背部绣有方形图案，袖由深到浅镶多个蓝色布条；下着百褶长裙并系蓝色长围腰；头束发并缠青黑色长帕。

c.沙人式。沙人式妇女服饰很有特色，丘北和师宗一带的又分黑沙、白沙。黑沙妇女全身皆黑色，但袖肘到袖口镶饰有三节绣花和锦片，下着长黑裤或长裙。其银饰极为壮观：头挽髻于顶，缠上有银泡的花帕后，在髻上插以银花、银簪和银钗；其银链、银铃垂到两颊；戴银锁、银披肩；腰部也戴银牌、银腰带。

全身上下的黑色衣裙将银饰衬托得熠熠生辉，璀璨夺目。云南壮族妇女用来背孩子的背带被非常精美，其外形由一个三角形和两边的宽长带组成，黑地色的背带被中心是由16个三角形绣片组成的正方形，每个三角形内纹样各不相同，但因压上白牙条而显得统一，四周为两方连续图案。

3.壮族服饰面料——壮锦

壮族传统服饰面料多自织自染，其中尤以五彩灿烂的织锦——壮锦最负盛名。这是壮族服饰特别出彩的基础，也是其让人惊羡的重要原因。

宋代称壮族织锦为"缕"，宋代周去非《岭外代答》卷六载"邕州左右江峒蛮有织白缕，白质方纹，广幅大缕，似中都之线罗，而佳丽厚重，诚南方上服也"。明代，织有龙凤图案的壮锦是著名的贡品。清代，壮锦以棉纱杂五色丝绒编织，"手艺颇工"，"与刻丝无异"。

壮锦一般以白棉麻线为经，五彩丝绒为纬交织而成。织时纬线起花，织物正反面均成纹样。壮锦的常用纹样凤鸟纹，其形象矫健，刻画简略。此外，十字纹锦、回纹菊花锦也很有特色。壮锦服饰直到现在仍是普通壮族妇女最常见的装束。在壮乡，随处可见她们的生活装仍以壮锦做头帕，或成为衣袖口，裤脚边的装饰。

4.壮族服饰的文化内涵

（1）崇黑尚青的壮族服饰。

壮族男女服饰多为黑和藏青色，尤其是被称为"黑衣壮"的那坡壮族妇女，其头巾、长裤、布鞋皆为黑色。云南的壮族也是如此，青黑色经深浅、冷暖的搭配产生出多种层次，再用五颜六色的边饰点缀，使全身服饰在统一中富有变化，宁静中蕴藏蓬勃生机。而佩戴银质首饰更衬托出壮族妇女青黑色服装的典雅文静之美。

壮族服饰对青、黑色的喜爱源于先民对青蛙、青蛇、青鸠的图腾崇拜。壮族为古百越的骆越、西瓯的后裔，"瓯"为壮语的蛙音。青蛙是壮族先民的图腾，广西花山壁画上的蛙人形象明显，是蛙崇拜遗迹之一（梁庭望《壮族风俗》）。每逢正月初八，壮族人要过"蛙婆节"，举行盛大的祭蛙仪式。古越人以蛇为图腾并反映在壮族服饰上，《说文》称"东南越，蛇种也"。明代就成为贡品的"蟒蛇花"图案壮锦，就是一种以蓝黑色为主调的织锦。

（2）壮族服饰是民间礼俗活动的重要内容。

将服饰作为馈赠他人的礼物，是壮族的传统习俗。参加别人的婚礼或婴儿"三朝"、满月活动时，常以童帽、衣裤、鞋袜、银饰等做礼品。外婆在新生的外孙"三朝"礼时专门赠送绣花或织锦背带（背被），赠送时还要对歌：

外婆：荞花菜花遍地开，蜜蜂飞去又飞来。

金路银路米花路，外婆带得背带来。

主家：金线银线五彩线，孔雀开屏在中间。

四角芙蓉刚出水，看着背带乐心间。

父母寿辰时出嫁的女儿和侄女要送寿衣、寿帽、寿鞋以示祝贺和感恩。

壮族服饰还是情人间互表心意的信物。每逢三月三的歌圩，桂西一带的姑娘用赠送布鞋的方式来表示爱情。如果一双新布鞋将留下的线头打成死结，两鞋连在一起，表示"生死相连，永不分离"；如果线头打活结，就表示自己已有对象或对男方不中意。融水一带的男女双方在恋爱成熟时，姑娘便将自己穿的衣服庄重地送给情人。赠送衣服有讲究，没穿过的不送，有补丁的不送，专挑穿过几次的半新半旧的衣服相送，它带着穿衣人的芳香气息。头簪、手镯、戒指也是最常用的爱情信物。东兰一带有击铜鼓祈年的习俗。每年春节，未婚女子用戴有银簪的辫子敲打铜鼓，然后将银簪馈赠在场的情人。婚后丈夫再将银簪奉还，妻子插簪于髻，以求生活美好，白头偕老。

婚姻状况和年龄在壮族妇女的服饰、发型、服色、图案上都有反映。广西都安、巴马、大化、南丹的妇女外出时，已婚者用崭新的白地花边毛巾包头，未婚女子则将毛巾折成手帕大小的正方形盖在头上。凤山一带的未婚女子包纯白头巾，两端缀白色丝穗；老年人包纯蓝或纯黑头巾，无穗。头巾包法也因年龄而异，姑娘包成羊角状，少妇包成盘碟形，老人包成桶箍形。

壮族人还把服饰作为财富的标志。服饰多且制作精美，表示勤劳富有。大化、巴马、东兰等地姑娘盛装的冬衣往往是里面一件最长，越往外越短，层次分明，以显示富有。佩戴金银、珠玉也是显示富有的方式，壮族的银饰品种最多，有银梳、银簪、银针、银帽、银项圈、银锁、银链、银钗、戒指、手镯等，佩戴时，尚多尚重。平安妇女最多时戴四个银项圈，十多个戒指，全身佩挂重量少则几千克，多则十余千克。

（二）瑶族服饰

瑶族主要居住在广西壮族自治区、湖南、云南、广东及贵州等省的部分地区。瑶族还是跨境民族，近年其分布远及美、欧等国。瑶族主要从事农业。

1.瑶族服饰发展概述

瑶族是一个历史悠久的古老民族，从黄帝时期的"九黎"到尧舜时期的"三苗族群"以及先秦时期的"荆蛮"，均与瑶族有着渊源。《梁书·张瓒传》称瑶族先民"好五色衣"，"衣裳斑斓"。

南北朝时期出现"莫徭"族称，这标志着瑶族作为单一民族实体逐渐形成。关于瑶族服饰《隋书·地理志》记载：其男子但著白布裤衫，更无巾裤，其女子青布衫，斑布裙，通无鞋属。

宋代周去非《岭外代答》中有一段是写"瑶斑布"的，记载了瑶族蜡染的工艺及成就：瑶人以蓝染布为斑，其纹极细，其法以木板二片，镂成细花，用以夹布，而溶蜡灌于镂中，而后释板，取布投诸蓝中。布既受蓝，则煮布以去其蜡，故能成极细斑花，炳然可观。该书还记载了当时瑶族的服饰，其男子"椎髻临头，跣足带械，或袒裸，或鹑结，或斑布袍裤，或白布巾。其酋则青布紫袍。妇人上衫下裙，斑斓勃窣，惟其上衣斑纹极细，俗所尚也"。

明代瑶族织锦已极精美，在《赤雅》卷上所述当时瑶族的贵族用锦缎有"凤衾蝶绡""凤衾，由白州绿含凤毛所织，色久愈鲜，服之避寒。蝶绡，冰蚕所珥，织作蝶纹，服之避暑"。瑶族谚语"凤衾无冬，蝶绡无夏"。瑶锦中还有"鹅头锦、花蕊锦、蛇濡锦……簇蝶锦，以熟金为之"。从这些以"凤毛""冰蚕""熟金"为材料的织锦中可见当时瑶衣质地之纯良，做工之考究，刺绣之华美。古籍这样记载当时瑶人贵妇的头饰"髻有芙蓉，有望仙，有怀人，有双龙，有孤凤，有浓春，有散夏，有懊侬，有万叠愁，有急手妆；其下者有椎髻，有垂鞭，有盘蛇，有鹿角"，其花样之繁多，令人叹为观止。

清代谢启昆《广西通志》对瑶族各支系服饰做了详细的记载："灵川县六都多瑶，自谓盘古之裔。服青布短褐，裤不被膝，衣领绣花，以镶红绿为沿。（罗城通道镇板瑶）男衣黑衣；妇人左衽，裙有五色，系古铜钱，步行有声。（天河）男子蓄发挽髻，裹以花布，妇人以长带束额，耳戴大圈。男妇皆青布短衣裤，以红自为布沿。（思恩瑶）男衣短狭青衣，老者衣细葛，妇女则小袂长裙，绣刺花纹，其长曳地。南丹瑶男女皆蓄发挽髻，男青衣白裤，女花衣花裙，长仅到膝。（武缘瑶）男子辫发做髻，服青短衫，胸系花布，妇人加折裙，织花为饰。（西林瑶）男女衣裤色青，领袖皆锦，男结发摇扇，女裹花帕，露胸跣足。（桂平瑶）衣青短衣，蓬头跣足，妇人则以红绿两截做裙。平南有平地瑶、盘古瑶、外瑶三种。平地瑶男妇皆青衣花带草履，以银圈挂项。盘古瑶头插匙簪，衣领绣花，平地瑶则不簪不绣。外瑶俗于民间。"清代的《皇清职贡图》配图详述了瑶族各支系服饰。

2.瑶族服饰形制

瑶族是一个以迁移频繁，分布面广而著称的民族。在其发展的历史长河中逐步形成繁多支系、千姿百态的服饰，其款式有六七十种。头饰样式更为繁多，有塔式、平顶式、飞檐式、顶板式、尖头式，加之色彩、材料、制作方式的不同，更是多姿多彩。瑶族各支系名称往往与服饰形制特点、区域以及信仰崇拜有关系。如瑶族多数崇拜始祖盘古王（盘瓠），有的支系便称之为盘瑶或盘古瑶；有的支系善种蓼蓝染色，穿青衣，便称为蓝靛瑶。

（1）盘瑶服饰。

盘瑶主要指居住于广西和云南省境内，是信仰崇奉盘王的瑶族，又称盘古瑶。

①男子服饰。

盘瑶男子服饰形制为：穿黑布交领衣；黑色长裤；桂平盘瑶的男子多用长条织绣花纹彩带将头包为圆盘状，在一侧耳后上方的圆盘上伸出一节彩带垂于肩并在末端缀有丝穗；披绣花披肩，襟缘织绣彩边；系绣花围裙，腰扎数条锦带；腿上扎有白花纹的绑腿，用红丝带固定。贺县盘瑶男子服饰与桂平服饰较为接近，仍用织花瑶锦缠圆盘状头饰；披花披肩；上衣为斜襟交领衫，袖口饰红、黄、白、蓝、黑等色布条，头帕两端饰有瑶锦；上身穿对襟黑布短衣，内穿白对襟衣；下穿黑色长裤，腰系皮带，平时上山劳动也喜带火铳。

②妇女服饰。

盘瑶居住地区广阔，各地服饰不尽相同，但服饰色彩较一致，都是蓝靛染成的青黑色，上面饰以红色织绣或绒球，所包头帕，不管是圆盘状还是尖头状，大多也是红、黄等暖色调的织锦。

a.广西田林盘瑶服饰。该地区的妇女用六七米长的黑地绣有通天大树纹的头巾包头，层层缠绕，在额前交叉为人字形露出头顶的头发；穿青黑色长过膝的斜襟无扣交领衣，腰以上的领襟绣有方块和折线几何图案，两侧缀饰一圈红绒球，后背挂几十根饰有珠串的红色丝穗或戴一块镶有蓝边的黑色披肩；内穿胸衣，领饰有红、黄等横条和银泡，胸前饰一块红地绲黄、蓝、白等色边的布，并且缝钉上五六块长方形银牌；下穿蓝色长裤，围黑色镶宽蓝边的长围裙，长衫袖口饰有宽蓝边，与围腰蓝边呼应；系六七米长的腰带，围腰头绣花并缀饰珠串与丝穗。出门时姑娘们手持彩色丝穗，指带响铃，走动时铃声阵阵。

b.云南麻栗坡盘瑶服饰。该地区妇女与广西田林盘瑶服饰比较接近，只是头部的黑头帕顺着一个方向缠绕，不交叉成人字形，外层缠花瑶锦。胸部的装饰与前者相似，一串绒球镶饰在前胸织绣图案的四周。所着长裤用瑶锦制成，大腿到膝还裹上层层瑶锦，真是锦上添花，分外富丽。

c.广西桂平盘瑶服饰。桂平的大藤峡曾是瑶族聚居地，明代瑶族起义失败后，仅留下部分盘瑶在此。其妇女包头样式繁多，大都以长条彩带包头，有的先用红色织花带缠头，再用黑、白或红、黄的织花带缠成盘状，再在头上盖一块织绣得十分精美的瑶锦或刺绣，边沿均缀有红色丝穗，有的搭一块白色的织巾帕。上衣是青黑色无扣交领上衣，前短至腹，后长至小腿。衣服胸前缀横排着的四个银牌和上中下三排用红线和红、黄、白黑边的蓝披肩，上面饰有黑色珠串和红丝穗；腰束七条锦带，系蓝边黑地绣花小围裙，腰后系一条红线连成的腰裙；下着裤脚有宽花边的织锦裤，全身形成黑色与红、黄相配的对比强烈的色调，非常艳丽。

（2）土瑶服饰。

土瑶族居住于广西贺县。

①男子服饰。

男子便装时用七八条头巾将头缠成圆柱状，婚礼时有的用十余条毛巾包头，毛巾外还用丝绒和珠串包缠。上身穿蓝色对襟布扣衣，衣长四十多厘米，胸前各缝有一衣袋，内穿白色对襟衣，其白衣领和衣襟翻于蓝衣外。胸前挂数十串串珠、彩穗，下穿大裆、宽裤口蓝长裤。

②妇女服饰。

土瑶妇女头饰奇特，多将头发剃净，再戴上用油桐树皮做成的筒状帽子。帽子按各个头颅的大小用树皮圈箍固定成型，在帽子表面涂上黄、绿相间的竖条纹，再涂桐油，使之色泽光亮鲜艳。帽顶要盖数条毛巾，用彩线将毛巾、帽子紧系于头上。毛巾上撒披串珠和彩线，以多为美、为富。着盛装或婚礼服时在树皮帽上搭盖的毛巾多达二十余条。土瑶人用彩色颜料在毛巾上书写情歌及表达爱情的词句做装饰，同时还要佩戴数十条串珠与彩线。穿蓝色无扣齐脚踝的长袍，两侧开高衩，用织花带束腰；长袍外套短衣，下穿长裤。长裤后腰处饰一瑶锦，边缘缀有红色丝穗，将腰以下的长袍遮住。土瑶服饰全身上下庄重而艳丽。

（3）长袍瑶与青裤瑶服饰。

居住在贵州荔波的部分瑶族人爱穿长袍和青色衣裤，因此分别称之"长袍瑶"和"青裤瑶"。

①长袍瑶妇女服饰。

青布包头，包头布上绣正方形图案，包头时将正方形图案包在头部前方，再插上一支银簪。上穿青色无领无扣右衽衣，背披蜡染挑花背牌，颈部戴大小不同的四五个银圈，手戴银钏，下着蜡染挑花百褶裙。

②青裤瑶妇女服饰。

长发挽髻并插三根银簪于头顶，颈部戴多个银圈，银圈上佩戴鸡形银饰于胸前。穿青色上衣，外罩一件有挑花背饰的贯头衣；着青色长裤，外系长围裙，上有挑花和蜡染图案；围织花腰带。瑶族支系繁多，服饰纷呈，这里只讲述了主要的瑶族支系的服饰，其他还有广西田林的木柄瑶、防城的板瑶、全州的东山瑶等。

3.瑶族服饰的文化内涵

瑶族服饰堪称千姿百态，五彩纷呈。服饰是民族文化的显性表征，在变化万端的外在特征中，蕴藏着丰富的文化内涵。

（1）图腾崇拜。

瑶族服饰是该民族图腾崇拜文化的载体，是深层图腾观念的物化。瑶族男女"衣五色衣"，着"斑斓服饰"源于对始祖的纪念。在《后汉书》和各瑶族重要历史典籍——《评皇券牒文》均记载了盘瓠传说。瑶族始祖盘瓠是一只五彩斑斓的龙犬，因此瑶族男女着五彩纹服装，以示不忘祖。贵州从江的瑶族少女盛装或出嫁时要戴"狗头冠"。盘瑶妇女黑色上衣的胸前有挑花和红色绒球，传说代表龙犬死时吐的鲜血。瑶族上衣多为前襟短而后襟长，称为"狗尾衫"。广西红瑶上衣直接将始祖龙犬绣于上衣的衣袖两肩。有的红瑶上衣绣着汹涌波涛中装满若干人的一艘船，据说它表现了瑶族师公传唱的《创世古歌》，即先祖迁移漂洋过海的故事。在瑶族服饰中有不少似龙非龙的形象，如红瑶衣背下缘的连续纹以及挑花头巾中心纹样四边的连续纹。它们正如传说中的盘瓠为"金虫似蚕，当以瓠盛之，并盖以盘"，就变成了遍身锦绣、五彩斑斓的龙犬。

（2）豪华夸张的婚礼服。

瑶族婚礼服最为漂亮、豪华，是极夸张的服饰。嫁衣由姑娘自己数年缝制，男婚服由母亲制作。各支系的婚服虽然不尽相同，但用红色来打扮新郎、新娘则是共同的。瑶族不仅有崇尚黑色的习俗，同时也崇尚红色，他们认为红色象征吉祥如意，可以避邪除疫。婚礼时男女皆要全身披红，红头瑶的新娘不仅全身上下都是精工绣制的衣服，并且件件用品都是红色，头顶上是层层瑶锦搭成的红色斗篷。盘瑶的新娘除全身盛装外，头上要戴上多层瑶锦和以红为主织的红、白、黑花边的斗篷。远渡重洋定居于美国的瑶胞虽然很快地融入当地社会，但仍然保留着本民族传统古老的婚礼习俗，精心打扮的民族婚礼服饰表达了瑶族儿女的赤子之心。

（三）土家族服饰

土家族主要分布在湖南省湘西土家族苗族自治州和张家界市、湖北省鄂西土家族苗族自治州和宜昌地区、重庆黔江地区以及贵州铜仁地区，主要从事农业。

1.土家族服饰发展概述

土家族自称"毕兹卡"，即本地人之意。早在六千多年前，土家族先民的聚居地已有了原始纺织。湘西的泸溪县清市镇新石器时代的文化遗址中出土了原始纺织的陶纺轮，在永顺县不二门的古人古穴也出土了类似的纺轮。

湘西酉水流域的土家族，现存一种原始的表演艺术——"毛古斯"。表演者穿的"毛衣"由五块茅草片或稻草片构成，也有用棕叶或棕片。"毛衣"的着装方式是将那些草片分别围罩在腰胸部、双臂及头部，头罩上端翘立着3～5只尖锥形犄角，单数角表示人，双数角表示牛兽。每个演员配备一根长1米且经草索缠绕的木棒，顶端包扎红布。演出时，表演者发出阵阵怪叫，配合固定的道白，跳起表现人类跨入父系氏族社会那种狂热的图腾舞蹈。"毛古斯"服装是土家族先民原始衣着的一种折射，它暗示着湘西北的土家族经历过结草为服的原始时代。

据史籍载，土家族的组成除本地最早的原始居民"五溪蛮""武陵蛮"外，战国时秦灭川东、鄂西的"巴子国"后，巴人一支流入五溪；五代时江西彭氏家族（汉人）又入主五溪。他们经过近两千年的共同生活，在经济、文化、风俗习惯上互相融合，逐渐形成统一的民族——土家族。《后汉书·南蛮西南夷传》称土家族先民为板楯蛮，用大麻织成一种细布，向秦纳贡，因称赋税为"賨"，故名"賨布"。晋《华阳国志》卷四称这种布为"兰干细布"，言其"织成文如绫锦"。唐代又将賨布称为"溪峒布"。在《溪蛮丛笑》中对"溪布"做如下描述："绩五色线为之，文彩斑斓可观，俗用为被或衣裙，或作巾，故又称峒布。"

土家族人善以织锦和刺绣美化自己的服饰。明《一统志》云"土民喜服五色琏衣"。清代雍正年间的"改土归流"，是土家族服饰的一大转折点。《永顺县志》记载："土司时，男女服饰不分，皆为一式。头裹刺花巾帕，衣裙尽绣花边，贯耳多环，累累然缀肩下。"当时男女都穿无领、对襟短衣，袖短而大，下系八幅罗裙或红、黑间道裙。女裙长过膝，男裙短不过膝。"改土归流"后，满族文化大量渗透，统治者下令"服饰宜分男女"，土家族服饰开始新的变化。

2.土家族服饰形制

（1）男子服饰。

土家族男子头包青丝帕或青布帕，头帕包成人字形的纹路，有的地方则包得如小斗笠大小。上身穿对襟短衫，钉七对布扣，高领，袖瘦而长，衣的下摆、袖口和领围用白色或灰色布条绳边。腰系黑带，下穿黑长裤。老年男子多穿右衽大襟衣，扎腰带，有的穿古老的琵琶襟上衣，钉铜扣，衣边上贴饰梅花条和云纹钩边图案。他们常在上衣外套黑色单褂，称"鸦雀褂"，下着有白布裤腰的青蓝长裤，裤腿肥大而短。穿青布面白底鞋。冬天，青壮年缠青布裹腿。

土家族男子还喜使用"包袱"做特殊的装饰和实用品，这是一块1米见方的自染靛蓝布或自布，平时系于腰间做腰带用，做肩挑背扛的重活时做垫肩用。盛夏时，男子习惯赤裸上身，将包袱一端系于颈间，从后背垂下，形似披风，可遮挡烈日对身体的直接照射，而山风吹来时，包袱随风飘去亦是一种潇洒。

（2）妇女服饰。

土家族未婚女子不包头帕，留长发梳成独辫，用头绳扎系后，盘于顶或拖在身后。盛装时用红、蓝、青色毛线做头绳，垂吊头绳表示已许配人，头绳盘在头上表示已订婚。穿红色、蓝色或绿色右衽大襟上衣，下着蓝色长裤，盘肩、衣襟、袖口、裤脚处均镶饰有花边或贴梅花条。胸前围挑花围腰或绳边素色围腰。戴银饰，如"瓜子""灯笼"形耳环，藤条银手镯、戒指等，胸前挂一大串银链、银牌、银珠、银铃。衣襟口系一条绣花手帕，花手帕是姑娘精心绣制的，是赠男友的定情之物，它是姑娘刺绣技艺的凭证。正如土家族民歌所唱："白布帕子四只角，四只角上绣雁鹅。帕子烂了雁鹅在，不看人才看手脚。""手脚"即指姑娘的手艺技巧。

已婚妇女脑后挽"粑粑髻"，包青丝帕或青布帕。传统服饰形制为：上衣右衽、大襟，袖大而短，袖口饰有挽袖，用精致的挑花或刺绣装饰。衣长而大，领底、盘肩和襟边镶饰黑边的云头纹，衬以白细牙线，镶细条绣花边，做工极为精致。下为红色镶黑色云头纹边的裙子。夏天穿白布衫，外套青夹衣，俗称"喜鹊套白"。做家务时胸前系一块挑花围腰，多为青黑地上挑白花。儿童4岁以后的穿着开始男女有别。女孩头顶留一圈盖状头发，也有梳小辫者；5岁穿耳；7岁戴瓜子耳环。儿童所戴帽子名目繁多，帽形多以季节而定，春秋戴"紫金冠"；夏戴"冬瓜圈"；冬戴"虎头帽""鱼尾帽"。帽上绣吉祥纹样，镶嵌八仙、罗汉等银饰。

3.土家族服饰的文化内涵

土家族人的服饰有尚白喜黑的特点。鄂西和宜昌一带的土家族为古代巴人之后，以白虎为图腾，秦汉时被称为"白虎复夷"。据《后汉书》载，巴氏之子务相被封为"禀君"（意为虎酋），死后化为白虎。这一带的土家族人喜爱白色，包白头帕，夏天穿白衣。土家锦中也有虎形纹样，如"台台花"（虎头纹）、"毕实"（小老虎纹）、虎脚纹等。清同治《来凤县志》称，土家族男女"以布勒额，喜斑斓服色"。现实中土家族人以白布包头，实为尊崇虎额之白，以斑斓衣裙象征虎皮花纹。过去，祭祀祖先时跳摆手舞要披虎皮，现在因无虎皮，则代之以土家锦被，以后发展成穿斑斓衣。

湘西土家族则与鄂西土家族相反，盛行赶白虎之俗，服饰"忌白不忌黑"，传统的土家锦图案忌讳用白做地色，也不允许大面积的白色出现。服饰尚黑，并以蛇为图腾崇拜，这大约与巴人多元崇拜文化有关。土家族的服饰面料土家锦中，有不少蛇纹，如"窝兹纹"（大蛇花）、"窝必纹"（小蛇花）等。

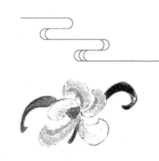

第二章 民族服饰的文化内涵

　　服饰是人类在生存和发展过程中的创造物，具有明显的使用价值和独特的审美功用，是人类物质文明和精神文明的结晶，是人类文明发展进步的重要参照物。中国少数民族传统服饰是各少数民族在特定的地理环境中，基于对不同生产、生活方式的理解与适应以及在对精神世界（真、善、美）的追求中逐步形成的。中国少数民族传统服饰具有浓郁的地域特征、各异的文化心理品格、独特的审美情趣和迷人的宗教神话色彩，而且由于各少数民族在新中国成立时尚处于不同的社会历史状态和相对自给自足的自然经济和半自然经济状态，因此其服饰的历时性和丰富性更为罕见。本书的目的在于让这一极其宝贵的文化财富在文化人类学和服饰心理社会学意义上为更多的人所认识，推进对中国少数民族服饰文化进行全方位、深层次的研究，从而为中国少数民族服饰文化的弘扬与发展尽一点自己的力量。

第一节　民族服饰的地理环境与人文环境

一、民族服饰的地理环境

　　文化形态是人类适应地理环境的结果。服饰作为文化形态的外在表现形式，其最基本的功能是实用。无论是在物质资料极为匮乏的古代，还是在物质财富日益丰富的现代，每个民族出于自己所处地理环境的不同，对服饰实用功能的选择和要求自然也就不同。因此，地理环境不仅决定着服饰的实用性，而且还潜移默化地影响着每个民族服饰特点的形成与发展。当然，地理环境对服饰实用性的决定作用会因生产力发展水平的高低而有所不同。生产力水平越低，地理环境对服饰实用性的作用就会越大，反之就会被逐渐弱化。不同的地理环境和自然条件为不同的服饰类型的最初形成奠定了客观的物质基础，这一过程主要是通过不同地理环境内的经济文化类型来发生作用的。所谓经济文化类型，是指居住在相似的生态环境下，有着相同的生活方式的各民族在历史上形成的具有共同经济和文化类型的综合体。

属于渔猎采集经济文化类型的鄂温克族、鄂伦春族和赫哲族，主要生活在人烟稀少、气候寒冷的大小兴安岭以及黑龙江、松花江、嫩江流域的茫茫林海和沿江两岸，鱼兽等动物的肉和皮毛是他们衣食的主要来源。他们的服饰多以鱼皮和狍、鹿、犴等兽皮为原材料，经过简单的熟制，加工成保暖性强、防水隔潮的以袍式为主的服装、鞋、靴、帽及手套等。这类服装颜色多为本色，式样比较单调，其实用价值大大高于审美价值。

属于草原畜牧经济文化类型的蒙古族、藏族、哈萨克族、裕固族、柯尔克孜族、达斡尔族等民族，主要分布在内蒙古高原、准噶尔盆地和青藏高原一带。他们均以畜牧为生计，因此食肉、喝奶、穿皮毛制品便构成了他们鲜明的生活、文化特征。与渔猎民族相比，他们的生产力较高，能够利用人工放牧可以比较稳定地满足自己在吃穿住行方面的基本需求，并在以物易物的交换中满足自己更高的生活需求。为适应四季分明、寒冷、干旱、风沙大等气候条件，其服饰的区域性特征为：冬装多以牲禽的皮毛或经过不同程度加工的毛织品为原料，夏装多以毛织品或棉织品为原料。服装以手工制成宽松肥大的袍式为主，色彩较为多样，制作工艺也较为精细，不仅注重服饰的实用性，而且也较注意审美功能。

属于农耕经济文化类型的有西北地区的维吾尔族、土族、东乡族、保安族、撒拉族等民族以及东南地区的所有少数民族和东北地区的朝鲜族、满族等。这一类型区的各民族，大都通过耕作土地来获取丰富的粮、棉、麻、油等生活资料。为适应湿热气候，服装季节变化不大，其服饰的区域性特征是：原料不再局限于动物的皮毛，而更多采用自织自染的棉麻土布，并以单薄、短小、灵活的衣裙、衣裤为主，式样繁多，并绣有各种精美的纹样和图案，服装的色彩更加丰富，工艺也更加突出。

地理环境对服饰实用性的决定性作用还表现在特定地理环境基础上形成的特殊产业和生产方式对服装款式所产生的深刻影响。北方民族以畜牧业为主，宽松肥大的袍式服装适合其游牧生产生活的需要。传统的蒙古靴靴尖上翘、靴体肥大，是为了在草地上行走减少阻力，和从马鞍上跌落时便于脚从靴中脱出。同是袍服，渔猎民族的袍服就与畜牧民族的袍服不同，为了狩猎者上下马或在林中奔跑追逐野兽时方便，鄂伦春族、鄂温克族猎人的袍服下摆要开两个或四个衩，而蒙古族、藏族的袍服开衩很少。

以稻作农耕为主的南方各民族，穿着短装型衣裙裤，显然比袍式服装更适宜水田劳作。哈尼族服饰便是这样。

在每个经济文化类型区域内生存着的不同族体，大多以一种共同的方式从各自生息的土地上获取类似的生产和生活资料，形成了各个区域内诸民族的共同物质和文化特征。然而由于我国草原畜牧和农耕经济文化类型的区域分布特别广，同一类型区域内各地的地理环境、自然条件差异很大，即便是同处一个经济文化类型，也可从中划分出若干有着不同程度差异的小类型，与此相适应，每个类型中诸民族的服饰又会在其共同性上产生出某些差异性来，这无疑是地理环境决定服饰实用性的？

二、民族服饰的人文环境

少数民族服饰是少数民族文化的特殊载体。作为物质文化和精神文化的结晶，它的形成、变化和发展，特别是其区域性、民族性等特征的形成，既取决于地理环境、自然条件、生产方式、生产力等客观因素的制约和影响，更取决于诸如民族历史、文化传统、风俗礼仪、宗教信仰等人文环境因素的积淀与刻画。可以说，在每一个少数民族的服饰表象中，都蕴藏着深刻的文化内涵。只有了解了与其表象相关联的文化背景，我们才能够真正了解民族服饰，把握它生成发展的规律。有人说，一个民族的服饰是折射这个民族历史的一面镜子，确实不假。许多民族服饰的结构样式、首饰佩件、装饰纹样都有其历史的渊源和特定的含义，它们或以形象，或以意指的方式在服饰上记载、传递着本民族多彩的历史，以激励和鞭策后人。

尽管藏族服饰的区域性差异很大，但有一个共同的特点，那就是特别重视袍边的装饰，尽管装饰的材料有所不同。据说这种对袍边的装饰是由唐代授予藏族英雄的勋带演变而来的，当时这种勋带分别用水獭皮、虎皮和豹皮制成，授予不同等级的功臣，斜挎在左肩上。后来，随着岁月的流逝，这种勋带便被固定在袍子的衣襟和下摆上，成为藏族服饰的重要组成部分；至今我们在节日或盛大的集会上，仍能看到不少藏族群众穿着镶有各种贵重毛皮装饰的藏袍，显得格外美观气派。

民族服饰图案往往是一部活的历史，一块写满文字的碑文。相传一支饱经战乱之苦的苗胞，为避免战乱，带着一族老幼，渡黄河、过长江，走进了莽莽苍苍的贵州大山，来到了波涛滚滚的猫跳河畔。为避免再次遭到侵扰，让一族人得以休养生息，他们强忍悲痛，烧毁了随身所带的文书。当满含热泪的族长拿出象征着家族荣誉与地位的四尊大印，准备付之一炬时，一位聪明的苗家姑娘站起身来，指着自己的衣服说："把印印在我的衣服上吧，这样，我们苗家的魂，就不会丢了！"四尊大印在烟火中消失了，但鲜红的印迹，却永远留在了这支命运多舛的苗族妇女的身上。这就是四印苗的来历。

相传很久以前，朝廷赐给瑶王一枚大印，让他管辖南丹县一带的山村。当地的一个土司娶了瑶王的女儿为妻，为了篡权他唆使妻子盗取了瑶王的大印，并派兵包围了瑶寨。瑶王率兵奋起捍卫家园，不幸中箭。他用满是鲜血的双手扶着膝盖，起身继续作战。为了纪念瑶王，后人们就在男子的白裤上绣上鲜红的五指印，在女子的褂衣上绣上瑶王的大印。男子娶亲时，要穿上有瑶王手印的花裤；女子出嫁时，则穿上绣有瑶王大印的新衣。瑶王印，它凝聚着民族的历史，也是为了让白裤瑶的儿女们记住民族的历史，不要忘记祖先的精神。

新中国成立前，图腾崇拜在一些民族中也不鲜见。因此，在少数民族的历史和现实中，巫术礼仪、图腾崇拜和宗教信仰都对诸民族的文化、精神乃至饮食、起居等产生过重大影响，支配着人们的价值取向和行为方式。在普遍信仰藏传佛教的广大藏族农牧民中，无论男女老幼，大都佩戴或为佛像，或为经文，或为"舍利灵丸"的"护身符"，并装入精致的佛盒或珍贵的呢革包中，佩于腰间，系于颈上，以求随时得到佛的护佑，避免灾祸。它同时也成为一种颇具藏族特色的装饰品。

藏族服饰中的图案纹饰，很少有对现实的模仿或再现，多为抽象的几何图形或规则富于变化的线条。据说这表现了佛教"圆通""圆觉"的理性精神，使人能够感受到一种神秘的力量和美感。

回族、东乡族、保安族、撒拉族的服饰较为质朴，服饰上没有人像图案出现，这是因为伊斯兰教反对偶像崇拜。回族男子多习惯戴白布做的圆帽，是因为在做礼拜叩头时额与鼻必须着地，而圆帽比较方便。据说穆罕默德喜穿白衣，并教诲信徒说，白衣最洁最美，所以回族、东乡族等信仰伊斯兰教的民族崇尚白色，素以白帽、白盖头、白衬衣为美。甚至在人去世后，也要用白布缠裹后下葬。

彝族是一个图腾崇拜比较普遍的民族。他们认为自己的祖先起源于某种动物或植物，于是不同的支系便会有自己的图腾崇拜对象。据说虎是彝族氏族部落时期罗罗部落的图腾崇拜对象，除了地名、人名与虎有关外，服饰中到处是虎的形象，如老人穿的虎头鞋，小孩戴的虎头帽，妇女围的虎头围裙，衣服上的虎皮纹饰等。这种图腾在服饰上出现，表现了人类早期在征服自然能力低下的情况下，企求图腾作为神灵来庇佑这个群体的心理。

第二节　民族服饰的文化心理与审美特征

一、民族服饰的文化心理

服饰是人类文明的产物。民族服饰的形成，伴随着一个民族文明的产生，经历过漫长的历史过程。在人类的早期，处于氏族部落发展阶段的人们，由于生产力水平的低下和地理环境的限制，其极为简单的服饰类型更多的是由地理环境所决定的。在那时，服饰作为诸民族共同文化心理结构一部分的外部表征，即服饰文化的个性特征，尚未完全形成。服饰所表现的更多的是地域间的差别和其实用价值取向，而非民族人文意义上的差别和其审美价值取向。随着生产技术的发展以及人类文明的进步，带有民族特征的服饰才逐渐在共同地域、共同语言、共同经济生活以及表现于共同的民族文化特点上的共同心理素质形成的历史过程中逐渐定型。当这种表现民族文化的个性服饰一旦定型，也就是说当服饰日益具有共同文化心理的象征意义时，它就会被这个群体所接受，并反过来成为强化这种共同文化心理的有效途径。

从1982年第三次全国人口普查至今，我国现已识别的55个少数民族大多聚居在我国的西北、西南、东北以及青藏高原等边疆地区。在新中国成立之前，那里的生产力水平普遍低下，大多处在自给自足的自然经济和半自然经济状态之中，缺少与外界的交流与沟通，很少受现代文明和外来文化的影响，处于一种远离经济、社会、文化主流的边缘化状态。特别是边陲和山区，由地缘造成的自然封闭性尤为突出。在占国土面积64%、地大物博的少数民族地区，由于经济落后，人口稀少，居住方式大分散小聚居，活动范围相对狭小，各少数民族在相对隔绝的地域空间中，独立地生发成了具有本民族自己文化特点和艺术风格的服装、服饰。这种民族服饰个性特征的形成，在其特定区域内的群体中，是随着最初服饰的个体表达而被不断推进的。

当群体中某个个体或某些个体的服饰被周围的人接受，这种服饰就会被普遍穿着，进而作为一种共同文化心理的表现形式被认同，并得以积淀，而后在不断选择那种能够明确表示本民族文化个性的衣着过程中，使其成为一个民族特有的外部表现与符号被长久地固定和保留下来。这些民族服装、服饰不仅反映出当地的自然生态环境特点，更映射出处于不同人文生态环境中各民族特有的精神风貌。

据说在古时，纳西族的妇女承担了大多数田间的劳作，她们头顶着星星出，脚踏着月色回，所以其服装叫作"披星戴月"，就是肩披日月，背戴七星。和白族相比，她们的衣服颜色不绚丽，甚至可以说具有相当的乡土味。其服饰以深蓝色为主，每个人都披着一件用毛呢做成的坎肩样的物件，在背后的腰部位置装着七个圆形的饰物，这就是所谓的"七星"了。

同样，身着长袍，祖露右臂者一定是生活于青藏高原的藏族，而非生活于内蒙古草原的蒙古族；身着多节多褶多色长裙，头顶"头盖"者，必定是生活在四川凉山的彝族姑娘；上着短衣，下着长筒裙的，一定是生活在云南西双版纳的傣族女子。

虽说都是短衣长裙，但朝鲜族女子上衣上那美丽的飘带和袍状的长裙是其他民族所没有的。

再以少数民族的头饰和帽子为例。只要是头戴牛角状头饰的，便可知是贵州的苗族姑娘；头戴小花帽，梳着满头小辫的，一定是维吾尔族姑娘。而有着风花雪月寓意的头饰，立刻就会让人想起生活在云南苍山洱海边的大理白族姑娘。

一见到男子头上的"天菩萨""英雄髻"，便知是彝族男子的一种特殊的头饰。彝族男子以不留胡须为美，头顶却留发一绺，用头帕包上，叫作"天菩萨"。它表示人最高贵的地方，任何人不得乱摸，倘若有人摸弄，则被认为是最大的侮辱。在大小凉山，这种习俗还保留着。每当节日盛会，勤劳勇敢的彝族男子便用绸布包头，并且用红绸在左前额扎一个长锥形的"英雄髻"，有的长30厘米，有的长10余厘米，显得格外英武。

盘凤凰头饰的一定是生活在福建、浙江一带的畲族妇女。畲族妇女众多的装饰中以凤凰头饰最为引人注目。畲族凤凰头饰大致有五种样式：福建福安的凤尾式，霞浦的凤身式，罗源的凤头式，浙江景宁的雄冠式，丽水、云和的雌冠式。纯银高冠式头饰深含着一个源于凤凰崇拜的传说，相传畲族人嫁女必戴头饰，头饰中凤凰的图案象征着平安、吉祥。

柯尔克孜族男子喜戴翻着黑边的白顶呢帽。最为常见的还是回族男子戴的白布圆帽。

通过这些多姿多彩、个性鲜明的服装服饰，我们不仅可以对其所属民族做出大致判断，而且能够不同程度地感受到中国各少数民族不同的民族性格、文化品格。我们可以由此得出这样一个结论：一个民族的服饰与一个民族的共同文化心理素质以及与此相一致的民族性格有着一一对应的内在联系。

二、民族服饰的审美情趣

审美价值是服饰追求的基本功能之一。从远古人类服饰的产生到现代服饰的发展变化，始终都离不开人类欣赏美、追求美、创造美的心理驱动。毫不例外，我国少数民族服饰的形成与发展同样也受到各民族审美意识与审美观念的深刻影响。如果说地理环境、生产方式是各民族服饰形成和发展的客观条件，那么审美心理则是一种必不可少的主观因素，是在客观必然和主观需要基础上的一种主观能动的反映与创造。我国少数民族服饰一向以其鲜明的色彩、精美的工艺、各异的样式和独特的风韵著称于世，其间所表现出的美是极其丰富和多样的。由于各民族所处的地理环境、气候条件以及生产方式、风俗习惯、宗教礼仪不同，反映在审美心理上便有了不同的审美意识和审美观念，产生了对颜色、色彩的不同偏好。

北方朝鲜族的衣裙以白衣素服为美，不喜镶花边和佩戴首饰。

北方的蒙古族、藏族以畜牧业为主，崇尚与雍容华贵、富丽堂皇相适应的黄、紫、绿、蓝、红、白等显示华贵的色彩。他们在服装的质地上喜欢选择贵重的衣料，并在衣领、衣襟等处着意进行装饰。首饰喜欢以贵重、色彩艳丽的材料为主，如红珊瑚、绿松石等，并讲究粗大壮硕、数量繁多以显示其富足。

苗族自古好"五色衣裳"，十分重视衣服的色彩和装饰，喜欢在领、襟、环肩、袖口和裙子等处绣满五颜六色的花纹图案，并在头、颈、胸前、手腕上戴满各种各样的银饰，使其服饰在艳丽之中显出某种凝重。苗族在服饰色彩的使用和搭配上达到了很高的艺术境界。

彝族则尚黑崇黄，以黑色为尊贵，以红色和黄色为喜庆和华美。因此在其服饰中，黑色是最为常见的，即使是白底的百褶裙，也必镶黑边为饰。黑彝则更喜欢纯黑的服饰，不加装饰或稍加装饰以显示其地位的尊贵与威严。同时，黄色和红色的运用亦十分广泛，衣服上的纹饰、配件，多用红色、黄色的花纹加以装饰。

云南大理的白族则以白色为美。妇女多穿白上衣、红坎肩或是浅蓝色上衣配丝绒黑坎肩，右衽结纽处挂"三须""五须"的银饰，腰间系有绣花飘带，上面多用黑软线绣上蝴蝶、蜜蜂等图案，下着蓝色宽裤，脚穿绣花的"百节鞋"。已婚妇女梳发髻，未婚少女则垂辫或盘辫于顶，有的则用红头绳缠绕着发辫下的花头巾，露出侧边飘动的雪白缨穗，点染出白族少女头饰和发型所特有的风韵。

布依族更喜爱青蓝色，特别是镇宁一带的布依族妇女尤甚。她们的大襟短衣、围裙、头顶的方巾及鞋子一律采用青蓝色布料，裙料多用白底蓝花的蜡染花布，并镶绣各式精美的彩色绲边，透出一种朴实清丽的审美情趣。

新中国成立之前，少数民族生产力水平普遍低下，处在比较落后甚至原始的社会形态和经济文化类型中，反映到服饰的审美心理上，他们具有追求形式美、严格遵循对称法则的特征，这就使得他们的服装、服饰带有某种原始艺术的意味。少数民族服饰遵循形式美的对称法则表现在服装式样的对称，包括服饰上的镶嵌、绣制的纹样、图形的对称以及饰物的对称等方面。

彝族分支花腰彝的姑娘喜欢穿着镶缀宽边的对襟上衣。不仅整个服装是左右严格对称的，就连装饰在袖口、衣襟、腰身、袍边处的花边也是严格对称的。哈尼族僾尼人妇女缝制服装用各色零碎布料拼缝而成，整件衣服色彩斑斓，但缝制者在拼接时仍特别注意图案、花色的严格对称。佤族男子和德昂族妇女的服饰，衣襟两侧和后背上绣的纹样也是左右严格对称的。阿昌族妇女在上衣前襟上所绣的花卉图案均为左右对称。

广西龙脊红瑶妇女的上衣前襟和围裙上所绣的图案和花边也是十分规则和左右对称的。

南丹白裤瑶妇女上身穿着的补绣坎肩，对襟上衣袖口和围裙上绣的图案和花边都是左右对称或中心对称的。坎肩背部的图案其色彩和造型都十分美丽，其中腰部以上为左右对称，腰部以下为中心对称。

少数民族的头饰，在造型上大多是左右对称的。苗族姑娘的头饰银角向左右分开，犹如弯曲向上翘起的牛角，呈左右对称状。

瑶族妇女的头饰虽然多种多样，但大多遵循对称这一形式美的古老法则。这一法则在少数民族服饰中可以说随处可见，比比皆是。但从对称形态的安排来看，绝大多数是分布在垂直轴线的左右两侧，而很少分布在一条横线的上下两方。其原因主要有两点：一是人体的生理结构决定了手臂的对称运动和节奏；二是处在相对封闭落后状态的少数民族，首先直观感受到了自然界动植物生理结构中具有的对称这样一种规律，而又较少受到外界审美意识和观念的影响。当然，一旦他们脱离了这种特定的地理、人文环境之后，其审美意识便会在与其他民族的交往中迅速得到丰富和提升，出现多样的风格与韵味。假如把服饰作为一种艺术品来看，那么它有别于绘画、雕塑或其他造型艺术，是活生生的以人为中心，人、物融合为一体的艺术创造。这种创造充满了智慧和艺术的灵感，在审美价值上更给人一种不同风格与韵味的立体感和生动感。在前面我们虽然讨论了少数民族服饰在色彩与形式方面的审美特征，但这些并不能充分说明某一民族服饰的整体风格与韵味。因为服饰作为一种表现艺术，其审美的价值更在于它的整体风格与特色。如果说我们在谈到色彩和形式美时，可以相对脱离服饰主体的话，那么在感受不同民族服饰的风格与韵味时，却不能忽略不同服饰主体的存在以及他们与本民族服饰密不可分的关系。假如一个个少数民族身着本民族的盛装从我们眼前走过，我们可能不会分别专注于色彩和图形，而首先一定会为他们与服饰一起所共同表现出的古朴稚拙之美、端庄凝重之美、雍容华贵之美、质朴淡雅之美、高贵冷峻之美、柔和秀丽之美、神秘怪诞之美、朴实清丽之美所深深吸引。

大多数少数民族妇女都以丰满而又苗条的身材为美，而这种美在不同的民族中又是通过本民族的服饰来加以体现的。广西那坡县的黑衣壮妇女将衣褶缠于腰部，行走时衣褶随胯部的运动，有节奏地摇来摆去，给人以一种重叠、跳跃、变化之美。

景颇族妇女穿黑色对襟，下着黑、红色织成的筒裙，腿上戴裹腿。盛装时妇女上衣前后及肩上都缀有许多银泡和银片，颈上挂七个银项圈或一串银链子或银铃，耳朵上戴比手指还长的银耳筒，手上戴一对或两对粗大的刻花银手镯。景颇族男子喜欢穿白色或黑色对襟圆领上衣，包头布上缀有花边图案和彩色小绒珠，外出时常佩带腰刀和筒帕。

德昂族妇女戴的银首饰越多表示越能干，越富有。有的妇女还爱好用藤篾编成藤圈，涂有红漆、黑漆，围在腰部，并认为藤圈越多越美。

花腰傣服饰的特征主要体现在女性服饰上，上衣短小，一般为两件，一件为贴身的内衣，另一件为无领外衣。内衣为圆形小立领，左衽、无袖，仅长及腹部，领边及下摆边缘都缀有宽窄不一的一排晶莹闪亮的细银泡，银泡中间还缀有银穗。外衣无领无纽，比内衣还要短，仅仅遮住胸部，襟边和下摆边镶一条彩条或刺绣花饰，有的襟部也嵌上细银泡及银穗，袖细长及腕，袖的下半截间镶嵌着红、黄、绿、白等色的彩布或彩色丝线绣饰。由于上衣比较短，腰部常常外露，故而又用一条较宽的彩带缠腰，既可系裙，又可束腰。"花腰傣"之称由此而来。

少数民族男子同样追求英俊、潇洒、勇猛、坚强的阳刚之美，但由于穿着的民族服饰不同，南方与北方的少数民族男子所具有的阳刚之美在风格上就有明显区别。北方牧区、林区的少数民族男子身材高大魁梧，常身着宽衣博带长袍，足蹬高筒皮靴，佩带弓箭、枪支、民族刀，坐骑高头大马，显示出粗犷豪放之气，呈现出潇洒健壮、充满活力之美。而南方少数民族男子身材相对瘦小，加之服装轻薄短小，少豪放粗犷，多睿智和机敏。他们常喜欢以猎获的兽皮、兽爪、兽齿、山禽的羽毛作为服饰的佩件，以显示自己作为男子汉运用聪明智慧征服自然的能力。

第三节　民族服饰的符号传达

在我们的日常生活中，符号无所不在，全部人类活动可以说都是由符号的使用或运用所构成的。少数民族服饰就是由种种符号组成的符号系统，它不同于文字符号在言语交流中起着主导作用，而是在非言语交往中传递着无须言传或不便启齿的信息。服饰作为一种无声的语言，实际上具有沟通信息、调节人际关系的作用。

首先，就其整体而言，一套民族服饰是辨识一个民族的外在符号。一个民族之所以无须言语便可与另一个民族相区别，原因之一就在于他们各自具有不同的服饰符号。这种不同的服饰符号一旦为人们所了解，是可以在脱离其原有的地域环境的空间和时间中发生作用的。人们在人民大会堂看到那些身着盛装的少数民族代表，一般仅凭其穿着打扮便可断定他（她）来自哪个民族。除此之外，服饰作为一种符号，在原有的地域环境中，当地人还可凭借同一民族中服饰上的局部或部分差异，对同一民族的不同支系做出区分。以大西南的瑶族和苗族为例，瑶族中除过山瑶、排瑶、平地瑶等以居住地域特征或以聚落方式作为区别外，还有更多的支系，如红头瑶、花头瑶、白领瑶、白裤瑶、青裤瑶、长衫瑶、蓝靛瑶、板瑶等，就是以服装或装饰物的不同特征来命名和加以区别的。

在历史上，人们通常用"椎髻斑衣"和"卉服鸟章"来概括苗族服饰的整体特征。但由于苗族服饰种类繁多，大约有100多种类型，因而人们常以其服饰特征作为其宗支的族征对其加以区分，并直接称呼为红苗、白苗、黑苗、大花苗、小花苗、栽姜苗、长裙苗、短裙苗、锅圈苗、木梳苗、鸦雀苗等。这种分类虽不够准确，但在苗族人民的生活中却有特殊意义。另外一些民族由于分布地域广，各地地理、经济条件和生活习惯及受到周围其他民族影响的程度不同，虽总体上属于同一个民族文化范畴，但在服饰方面仍会产生一定的差异性。

在贵州紫云夜郎王的后裔巴身小苗族，把竹子视为本民族的象征，每个血缘关系的民族被视为竹上的一块竹片，即"同宗共祖"之意。不论岁月如何变迁，他们依然固守千百年来不变的夜郎古国的民风民俗。

巴身小苗族已婚女子的发髻最为讲究和奇特，前额挽螺髻，用自制的长约8寸的"月牙形"木梳，由中间截断为两节，绑在一尺五寸长的两块竹片两端。一端由左插于螺髻发内，其发绕竹片下垂成三角形，犹如船帆一般。红色木梳角露出，犹如晒纱线一般。这种发型巴身小人叫"歪梳子"，外族对他们的称呼为"歪梳苗"。

巴身小妇女的衣服对开两幅交叉胸前，宽边花纹，上有领子，胸襟无扣子，短而蓝色；袖口镶有数道不同色花边，外披白色短褂，配以青、蓝、白三色横幅相接色彩对比强烈的长裙，系白色麻织围腰，红、白、黄条腰带垂于面前，显得干净利落。巴身小妇女，越年长，穿得越火红，越花哨，犹如古代女侠重出江湖之感觉，这叫盔甲服。盔甲服形状如古代盔甲，颜色鲜红。相传，在远古的一次战斗中，因男性多战死了，女性也穿上盔甲上战场，取得了战争的胜利。后来为了纪念这次胜利，就依照盔甲的样式做成衣服穿在身上。

云南石林地区的撒尼女子婚否的符号就反映在头饰上。头饰上带有左右两个像蝴蝶翅膀尖角的便是未出阁的姑娘；尖角被摘掉就意味着这个女子已经"花落有主"，结婚成家。

服饰符号还有标志人的社会地位、阶级或阶层的功用。汉代贾谊曾在《新书·服疑》中有"是以天下见其服而知贵贱，望其章而知其势"的精辟论述，意思是说只要观察其服饰，便可知道一个人的贫富贵贱，只要看一下他服饰上的纹章图案，便可了解他的社会地位或官职几品。犹如现在我们可以通过服饰偏好，判断一个人的基本价值观一样。随着人类进入阶级社会，政治对服饰产生了深刻的影响。从商周至清代，一直盛行着严格的服饰等级制度，从服装到鞋帽，从式样、质料、纹章到颜色，从帝王后妃、达官显贵到黎民百姓，不同等级、不同地位者都有严格的区别，这种区别被统治者作为礼仪制度的一部分以法律的形式固定下来。服饰成为历代区分官阶品级、地位高下的标志，自然也就成为其"严内外、辨亲疏"的工具。

第四节　民族服饰的宗教功能

对于少数民族群众来说，他们日常穿着的服装更大程度地体现出宗教的影子，尤其是服饰的色彩和图案折射出人们心底关于祖先崇拜、图腾崇拜和灵魂崇拜等一系列信息。基诺族的服饰尚白，这与其祖先崇拜有关。苗族服饰中出现频率最高的是蝴蝶，在一些苗族传说中，蝴蝶是苗族的祖先，在我们看来这种浪漫奇特的想象实际上带有强烈的祖先崇拜意味。蛙纹在黎族、佤族的服饰中大量出现，这些图案经历了从具象到抽象的演变过程，时至今天已成为一种象征符号。由此我们可以看出，民族服饰凭借其根深蒂固的宗教精神，以世俗的面貌发挥着宗教难以发挥的作用。

从严格意义上说，宗教服饰的出现远远晚于宗教的产生，其原因是显而易见的：作为一种物质文化，服饰的发展演变很大程度上依赖于人类物质生活的丰富。由于出现场合的特殊性，宗教服饰在功能上区别于日常穿着的服装，除了其他服装具备的基本属性和功能以外，它还具有识别功能、神化功能和巫术功能。

一、识别功能

宗教服饰是区分宗教类别、派系和级别的重要标志，也是宗教人士职业、身份的象征。当人们看到身着不同款式、颜色的宗教服装时，总是能很快将其和其他身份的人区别开来，比如身穿袈裟的喇嘛和头戴五佛冠的东巴，代表着两种不同的宗教类型。而样式相似、色彩不同的服装也具有不同的含义。例如，藏传佛教的不同派别除了在教义上有所区别外，最直观的辨别方式就是服饰：宁玛派的僧人穿红色袈裟，戴红色僧帽，因而也被称为"红教"；噶举派僧人因身穿白色袈裟而被称为"白教"；格鲁派僧人戴黄色僧帽，喇嘛活佛穿黄色袈裟，戴金黄色法帽，因此也被称为"黄教"；而萨迦派被称为"花教"，虽然源于其寺院的色彩，但从其教徒的服装上也能加以分辨：头戴莲花状红色僧帽，身穿红色袈裟。

另外，通过服饰也可知道宗教人士的宗教级别，在凉山彝族的信仰中，毕摩和苏尼是人与鬼神间的媒介，可以为人们提供宗教服务。毕摩曾是最早的政教合一的统治者，即汉语文献中所称的"鬼主"，随着历史的变迁，毕摩逐渐退出政治舞台，成为民间祭司。苏尼则是无文字时期的原始宗教文化的代表。集巫、祭于一体的特殊身份和地位，决定了毕摩与苏尼的服饰标记和样式的特殊性。

毕摩是彝语音译，"毕"是念经诵咒的意思，"摩"是对有知识的长老的尊称。毕摩是古代彝族社会中的一种职业，一般都是由男性世袭继承，个别也有拜师授业的。毕摩不仅是通晓彝族历史、天文、地理的知识分子，还是彝族宗教信仰的代表人物以及各种宗教仪式的主持者和组织者。他的主要职责和活动是应请为人招魂、安灵、送灵、祛灾、合婚、占卜以及对因偷盗、口角而发生的纠纷进行神明裁决等。

毕摩的头饰别具一格，称为毕髻，是用布帕缠绕出柱状，雄踞于额顶，向上突出显示其特殊的身份。有正式资格的毕摩一般都有一顶法帽，是毕摩神力的象征。法帽下面悬挂的鹰爪必须是经过严格挑选的岩鹰的角爪，捕到凶猛的岩鹰后，需要带回家为它作清洁法事，再祭祖灵，方可制成法器。在彝文古籍《祖神源流》中记载："毕摩是神鹰，头戴鹰爪帽，念经送众神，送走祖先魂。"这是说鹰能在天神与凡人之间沟通联系，可以成为毕摩沟通神灵的中介。所以毕摩佩戴鹰爪，一是表示对鹰的崇敬；二是为了增强自己驱邪除魔的本领。

苏尼为巫师，地位低于毕摩，主要承担禳灾驱鬼的任务，以巫术与鬼神"打交道"。苏尼的"苏"意为人，"尼"意为抖动，得名于苏尼作法的方式，即击鼓抖动舞蹈，苏尼的意思就是作法的人。苏尼一般不脱离生产，不用师传，无须学习，而且男女都可以担任。在彝语中，男苏尼称"巴尼"，女苏尼称"莫尼"。不管是巴尼还是莫尼，一般都将其头发梳成许多小绺，以便在作法时能随身体的舞动而飞舞，以增加通神的本领。羊皮鼓是苏尼作法时重要的法器，此外，野猪牙还是莫尼最喜欢佩戴的灵物之一。

苏尼和毕摩两者之间既有区别，又有联系。毕摩必须经人传授，懂彝文，诵经书，通过广泛的学习掌握有关的知识和学问，所执祭的仪式一般是关系家族、家庭、个人的重大事件，地位较高。苏尼则是来自"神授"，不懂经文，无须学习，且只是承担禳灾驱鬼的任务，故地位和受尊敬的程度低于毕摩。但在另一方面，特别是在一些具体的仪式和活动中，两者又有一定的联系。苏尼作法有时需要毕摩协助才能完成，毕摩作法有时也需要苏尼辅助。还有一些仪式，既可由苏尼主持，也可由毕摩来完成。还有个别人，既是苏尼，又是毕摩，两者兼而任之。

东巴教的黄腊帽即大东巴帽，这种法帽是东巴教中的最大神器，只有大东巴才能戴，而一般的小东巴只能佩戴红佛冠。另外，法杖、摇铃和白披毡也是大东巴专用的。

二、神话功能

在各类宗教活动中，宗教服饰是不可或缺的重要因素，活动的主角只有和服装结合起来才能成为真正意义上的"主持"，人因为服装而转变身份，服装因为人而增加神力。在宗教仪式中，主持者必须经过特定的装扮，才能成为神灵的代言人，起到引导和沟通的作用。在其他宗教活动中，如宗教舞蹈、祭祀等，参与者也需要通过特殊的服饰来体现此活动与众不同的含义。

回族男子的传统服饰以白色为主，戴白布平顶圆帽，也称"经帽"，这是原为教徒们做礼拜时戴的礼拜帽。经帽之所以呈圆形，也是根据《古兰经》的教义而定的。回族妇女大多戴盖头，回族称"古古"，盖头呈筒形，戴时从头上套下，披在肩上，盖住整个头部，遮着两耳，领下有扣，只剩面孔在外，长度一般垂及腰际，这也是受伊斯兰教教义的规定影响。

景颇族最重大的宗教祭祀活动是"目瑙纵歌"。在这天，活动的领衔者"瑙双"头戴用孔雀羽毛和木制的犀鸟嘴，身穿长袍，手握长刀，带领众人边唱边跳。景颇族传说最早是鸟类从太阳国学会目瑙纵歌，景颇族祖先得到鸟类的启发后也学会了，而且从此逐渐发展壮大。瑙双头上这种称为"固得鲁"的头饰不但表明了他在活动中的中心地位，更突出了祭祀祖先的意义。

萨满教曾广泛流行于我国北方的许多民族，如满族、蒙古族、鄂伦春族、哈萨克族、赫哲族、达斡尔族等民族。萨满教的巫师称作萨满，萨满的服饰充满了神秘色彩，也对信奉萨满教的各族人民产生了极大的影响。萨满服饰，亦为萨满教灵魂观的产物。在萨满信仰意识中，神灵附着于萨满服饰的神化功能也不尽相同。

第一，以服饰材质表现的神化功能。萨满信仰观念认为，众生灵的真魂在其本体死亡后并不会消失，而是附着于牙齿、骨窍、皮毛之中继续存在，因此，以其骨、皮制成的服饰，也同样承载着这些真魂所具有的神化力量。例如，满族传统星祭用服，均以雁羽翎、天鹅翅羽、雄雉尾翎等各式羽翎加以缝饰，以此象征鸟神所在，赞颂鸟翼飞翔时的威武、华丽。赫哲族的早期萨满服饰，则多采用蛇、蛙、龟、蜥蜴等爬行类动物的皮骨制作，以使其具有这些生灵的"灵"性及特征，能够辅助萨满"附体""脱魂"时游走于三界各处。鄂伦春族、鄂温克族等民族的萨满服饰，直接以鹿或狍子的皮毛裁制而成，并以鹿角作为头饰，亦视之具有鹿或狍子的某种"灵"性而加以神化。

第二，以色彩、造型表现的神化功能。随着各民族生存环境、物质条件、工艺的衍变，萨满服饰中的佩饰形式亦日渐丰富，其中色彩、造型符号均可作为萨满意识中真魂转生观念的体现。例如，满族的萨满服饰中，多以染色、绘图、刺绣工艺，绘饰树木花草、飞禽走兽之类纹样，作为植物神、动物神的崇拜象征。鄂伦春族的萨满神裙则垂饰红、黄、蓝三色飘带，象征彩虹吉祥神。蒙古族的萨满服饰其前胸及后背处，多悬挂数面大小不一的铜镜，有的多达百余面，以象征日、月、星神的光辉。鄂温克族的萨满服饰，除多采用鹿体骨骼造型外，还多加饰刀斧、钩叉、弓箭造型的金属佩饰，表明了在其信仰意识中，甚至连武器也具有了某种主宰灵魂及神圣力量，成为萨满的辅助神。

蒙古族妇女穿的右衽大襟长袍，衣边和袖管都镶有宽窄两道边饰，宽条在里层，深色，上绣美丽的小花，似乎吸收了萨满神衣的某些纹饰。

蒙古族姑娘爱在头上扎红色或金黄色的绸带，婚礼中新娘所穿的蒙古袍为粉红色，甚至面纱和盖头也都是红色的。蒙古族姑娘、妇女的帽子与蒙古族萨满头上的珠状饰物，其形状也极为相似。

三、巫术功能

巫术是最能够表达原始信仰和原始宗教的有力手段，是人们企图控制外界，增强自身能力的便捷途径。巫术有多种表现形式，负责这些活动的是巫师，他们有的与首领地位相当，有的本身便是首领。随着巫师在宗教发展过程中所起作用的加强，他们拥有了专门的服装、道具、法器以及头衔和职业标志。尽管不同民族不同地域其形态、名称和材质不尽相同，但共同点之一就是巫师会有意识地将其服饰或道具加以神化，使之变成被寄予精神并成为超自然力量的替代物。

在少数民族服饰中，具有巫术功能的多为一些佩饰，如云南元阳县哈尼族送葬时，就要佩戴一种叫"吴芭"的头饰。"吴芭"用厚布织就，丝线镶边，这种头饰是专门为死者的魂魄引路用的。没有"吴芭"引路的魂是野魂，夭折、暴死者不能用"吴芭"引路。

宗教服饰也是神话传说的载体。由于没有文字，少数民族的文学艺术主要以神话、歌谣、谜语、巫词等形式口头流传。这些口头文学能够流传至今，与其多样的民族礼俗，尤其是宗教活动是分不开的。这些场合一定要有德高望重的老者说历史、讲故事、追忆祖先，很多时候这种任务是由巫师或祭司来担当的。他们既是本民族的知识分子，也是民族文化的保存者和传承者，他们的知识不仅在于他们口中诵念的经文祝词，还记录在他们特有的装束上，很多饰物、法器都有相关传说。

广西金秀坳瑶的巫师（师公）在祭祀活动中，其胸前、手、脚等处都要系挂铃铛，手里拿着摇铃。当巫师祭神驱邪时，口念咒语，手舞足蹈，身上佩戴的铜铃也就随之而有节奏地鸣响，从而增强宗教的神秘气氛。在旧时人们的眼中，巫师能通神语、知人意，是人与神的中间人。所以，巫师所使用的法具也是一种灵物，具有驱邪避灾的作用。人们认为，将这种灵物佩戴于身，是可以驱邪护身的。所以直到现在，广西、云南的部分瑶族妇女服饰中常常以铃铛做装饰，外出时还将铃铛佩戴于身，既起装饰作用，又能驱邪。

第三章　民族服饰蕴含的设计元素

第一节　民族服饰的符号特征

传统民族服饰兼具精神与物质双重属性，是民族传统文化的一个重要载体，是社会文化现象的反映，具有实用、审美和社会功能，是区分族群的标志。由于每个民族的生活环境、风俗、信仰、审美等方面的差异，造就了服饰的款式、材料、色彩、图案、配饰、制作工艺等千姿百态、风格迥异。服饰的符号化形式，产生出独立的审美意义，最终构成一个民族重要的外部特征，体现了穿着者的宗教信仰、社会地位、审美情趣、年龄性别及民族归属感等。服饰样式的变化、材质的运用、色彩的搭配、纹样的选择，不但记录了特定历史时期的生产力状况和科技水平，而且反映了人们的审美观念和生活情趣，具有特定的时代特征。

一、图腾与民族服饰符号特征

图腾一词来源于印第安语"totem"，意思为"它的亲属""它的标记"。在原始信仰中，认为本氏族人都源于某种特定的物种，大多数情况下，被认为与某种动物具有亲缘关系。20世纪初，"图腾"概念被传入中国。远古时期各族因天灾人祸，造成大规模迁徙，但其文化大都保留着离开母体时的文化符号特征，这些符号特征作为图腾被保留下来。在少数民族服饰中，处处可见图腾崇拜的痕迹，不同民族图腾有所差异，如白虎是白族的图腾，龙蛇是苗、彝族的图腾，牛是布依族的图腾等。所有这些图腾都留有信仰的痕迹，具有图腾崇拜的原始文化内涵。在我国南方少数民族中，傣族、独龙族、黎族、佤族、高山族、基诺族、德昂族、布依族等民族至今还保留文身这一古老的人体装饰。例如，黎族人民为追念黎母繁衍黎人的伟绩，并告诫后人：女子绣面、文身是祖先定下的规矩，女人如不绣面、文身，死后祖先不相认。绣面、文身多于12岁左右起文，黎族人称为"开面"，一是表示身体已发育成熟，二是可以避邪保平安。

黎女文身的记载和传说各有不同，据说黎族先人越人是崇拜蛙、蛇图腾的，所以他们就在自己的衣服与身上绣上与蛇虫一样的图案。文献有"黎女以绣面为饰"之说，黎女绣面还体现等级关系，绣面是有身份妇女的一种装饰，奴婢是不准绣面的。她们在文身前都要举行专门的仪式，赶走鬼魂，杀鸡摆酒，庆贺祖宗赐予受术者平安和美丽。

独龙族姑娘到十二三岁便须文面，其方法是先用竹签蘸锅烟灰在脸上描好花纹图案，待墨迹干后就用竹针拍刺。由于各地习惯不同，独龙族文面的部位、图案不尽一致，文面图样大多以几何图形为主，有的只文嘴唇四周，有的刺到额头，有的则刺满全脸，因而有小文面和大文面之分。独龙江上游地区即上江一带，满脸都文刺，称大文面，也就是鼻梁、两颊等都刺上菱形图案及线条；独龙江下游即下江一带，则只刺下额二三路，像男子下垂的胡须，称小文面。独龙族妇女为什么文面，概略地说有四种说法：

第一，妇女文面是为了装饰，同时也是一种美的象征。传说人死后的亡魂最终会变成各色的蝴蝶，每当峡谷里飞起这些美丽的蝴蝶时，人们便认为这是人灵魂的化身。为了这些传说中的精灵，于是按祖辈传承的社会习惯，在即将成年的女孩子脸上用竹针和青靛汁刺出永不消退的蝴蝶花纹。这种由蝴蝶图案展示的女性精灵美，最终成为独龙族祖辈沿袭的一种爱美的象征符号。

第二，文面是原始崇拜和某种巫术活动的产物，认为文面可以避邪。

第三，文面往往联系着原始部落的图腾标志。图腾标志是氏族或部落的特殊标记，它能够让生活在不同时代的同族成员，正确地认识自己的集团和祖先。独龙族是没有文字的民族，常常以符号或图腾帮助记忆。独龙族的文面，就是其中的一种形式，它以脸上固定的图形说明自己的族属和祖先，作为划分各个氏族、家庭集团的标志。

第四，独龙族妇女文面是为了防止察瓦龙藏族土司抢逼为奴。

文身是傣族男子的重要特征，是傣族男子壮美的标志之一。傣族文身的盛行与信奉佛教有关，按传统习俗，傣族男孩到八九岁就要进缅寺当和尚，学习佛理和传统文化，接受宗教的熏陶洗礼，同时也就开始文身，又叫"夏墨"，即刺墨。进佛寺而不文身的人叫"生人"，被认为没有成人，要遭耻笑。傣族男子成年后如果还没有文身，会被认为是背叛傣族，人们就不承认他是傣族子孙，会受到社会的歧视，特别是受妇女的歧视。傣族谚语说："石蚌、青蛙的腿都是花的，哥哥的腿不花就不是男子汉""有花是男人，无花是女人"。男子文身显得勇敢英武，受姑娘们青睐，不文身，被视为"分不出公母的白水牛"，甚至娶不到老婆。所以，傣族男子人人文身，一般多在12～30岁进行，傣族男子文身的部位分整体和部分文身两种。整体文身从头至脚；部分文身只在两臂、手腕和小腿等处文一些简单粗条纹、细条文或符号、咒语、生辰、名字等，或文一些戏谑性的纹样。文身部位越宽，花纹越复杂，越被认为是勇敢和有男子气的象征。在这样的文化背景下，文身的部位和花纹的繁简，也就成为女子对男子的审美标准和选择条件之一。傣族男子文身还有避邪、预卜吉凶或某种巫术魔法的意味。

傣族文身是以原始宗教和佛教相互依附、共同发展的方式保存下来的。文身不但是原始巫术、咒语护身的方法，而且成为膜拜佛祖，推行佛学、佛礼，利用佛教礼仪、符箓令牌护身的方法。由于傣族同时信仰原始宗教和佛教，具有多元宗教文化的特点，因此，文身的种类多，且文身内容和表现手法也丰富多彩。表现形式主要有以下几种：

第一，线条花纹，有直线条、曲线条、水波纹线条等。

第二，图案花纹，有圆形、椭圆形、云纹形、三角形与方形。

第三，动物花纹，有虎、豹、鹿、象、狮、龙、蛇、猫、兔、孔雀、金鸡、凤凰以及树或草的叶子、花等。

第四，文字，有巴利文、傣文、缅文、暹罗文的字母或成句的佛经，还有咒语、符箓等，其他还有人形纹、半人半兽纹、佛塔纹、工具纹等。

傣族有多种多样的文身方法，黥、刺、纹、墨是主要方法，即在皮肤上面刺纹，留下印痕或图案；镶、嵌，把宝石嵌入体肉。傣族文身还有专门的文身工具、特殊配制的原料，有固定的文身程序，还有一定的仪式和禁忌，这点和傣族制作贝叶经的方法很接近。

随着人类的发展，服装出现之后，许多文身图案以新的形式保留在服装上，如高山族对百步蛇的崇拜转化为服饰图案，成为文身的印记。如今许多年轻人文身，更多的是追求一种勇者的时尚，一些大都市里出现的人体彩绘似乎也可以视为对图腾艺术的升华。此外，追求时尚的女性们在指甲上做装饰、涂指甲油，手臂或肩部贴各种花纹，在耳垂、肚脐、鼻子等处打洞戴各种饰物等，不也是古老图腾的延伸吗？

二、民族服饰图案的符号特征

服饰图案作为一种特定的符号类型，源于图腾崇拜意识、民族历史、神话故事以及对大自然的眷恋之情，是非常典型和具有代表性的符号。民族服饰图案的内容来源于生活，是对自然形状的拟形，也是对造化的写意，多以各种动植物为蓝本，并将美好的意愿寄予在服饰图案中，是民族服饰艺术的灵魂。

被首批列入国家非物质文化遗产的云南昌宁苗族服饰，是昌宁地区苗族几千年迁徙的历史缩影。昌宁苗族服饰以百褶裙、长袖上衣、领挂、围腰、飘带、三角小围腰、披肩、绑腿、戴头等"十八件套"而闻名。长袖上衣有上、中、下三圈珠串响铃或图案分层排在长袖上，分别代表天、地、人；领挂多是同一图案反复排列而成；围腰是从苗族祖先蚩尤的铠甲演化而来；飘带绣有黄、白、绿、红诸色横纹，分别代表苗族祖先生息的黄河、长江、洞庭湖和鄱阳湖以及现今生息的澜沧江等。昌宁苗族服饰以红色为主体，记录了他们浴血奋战的历史。衣服上的一缕缕麻丝都是苗家经历的一次次苦难，每一缕红色，都象征着苗家经历的一次次血战。妇女上衣披肩上的图案和线条，象征长城和炮台。

大理白族女性都戴一种头饰，叫作包头，分别代表了大理四个地方的景色：微风吹来，耳边的缨穗随风飘洒，显现了下关的风；包头上的花朵，代表了上关的花；顶端白绒绒的丝头，代表了苍山的雪；整个包头弯弯状似洱海的月，它是姑娘心灵手巧的标志。

纳西族是世居云南省丽江、中甸地区的一个古老民族，纳西族女子服饰有两种类型：一种在丽江一带，穿的人数较多；另一种见于中甸白水台，他们的服饰中最具特色的当属"披星戴月"披肩。披肩上面是七个日月星辰图案，用彩线绣制，呈两排缀饰在羊皮背饰的表面。这种披肩是用羊皮去毛、洗净、硝白，经缝制而成，然后在披肩上绣上两条白布带，劳动时就将披肩的布带拉到胸前十字交叉系紧，看上去犹如七颗闪亮的星星围着一轮明月，人们把这种衣装称为"披星戴月"。"披星戴月"披肩既美观又防风雨还耐磨损，它是纳西族妇女勤劳善良美好品质的象征。

哈尼族镶嵌银泡的头饰，彝族孩子的虎帽、虎形兜肚等，都寄予了世代人们的理想，留有历史的烙印。

三、民族服饰色彩的符号特征

中国各民族服饰的色彩观念，来源于中国各民族古老的哲学思想，赤、黄、青、白、黑五色观深入到各民族的色彩审美意识中。各民族由上古不同的氏族演化而来，由于历史背景、自然环境的差异，对色彩的崇尚也不一样。汉族以黄色为高贵；藏族、蒙古族、回族、羌族、白族、普米族、纳西族等民族服饰崇尚白色；彝族、土家族、傈僳族、景颇族、拉祜族等民族崇尚黑（或青）色；哈尼族将神域之色的红色顶在头上；苗族、瑶族、土家族则喜欢大红大绿的搭配；纳西族的青、赤、白、黑、黄五色，被认为与人的生辰命相有深刻的关系等。由此可见，民族服饰的色彩选择与搭配体现了不同民族的信仰与文化内涵。

北方各民族服饰色彩总体上偏爱热烈而单一的色调，以此与自然环境色调形成和谐的对比统一。蒙古族由于长年生活在一望无际的草原上，蓝天白云，草原羊群，因而形成了崇尚青、白两色的审美观念。好穿青色服装的民族，不止蒙古族，南方许多少数民族如布依族、壮族、仫佬族、水族、黎族等民族也崇尚青色。贵州镇宁布依族妇女爱穿青、蓝色上衣，袖子中段和袖口缀以蓝白相间的蜡染涡形花绒，下身是百褶长裙，裙料多为白底上布满蓝色菱形小点花纹的蜡染布。从自然环境来看，布依族生活在云贵高原，苗岭山脉盘亘其中，山水秀丽，云山烟水，其色彩的审美情趣也许就是受自然的启发或者是对自然色彩的模仿。

生活在我国南方亚热带地区的一些少数民族，景色明媚、繁花似锦的自然环境使他们容易接受强烈多变、艳丽丰富的色彩，服饰的色彩便和居住在北方的民族迥异。傣族妇女的筒裙色彩艳丽，纹饰丰富。苗族的盛装极为华丽，绣花的色彩多为红、黄等暖色。他们对红、黄、紫色似乎特别偏爱。在苗族人民心中，红色象征着胜利，象征着欢乐；黄色代表财富，显示华贵。在着盛装时，头戴银冠，身上还要用大量的银项圈、银锁、银片、银泡、银铃做装饰，给人雍容华贵之感。

民族服饰的色彩不但具有自然的特性，同样还具有象征意义。在塔吉克族人看来，红色是太阳和火的颜色，象征不怕流血的英勇精神。塔吉克族男女订婚时，男方送给女方的主要礼物之一是大红头巾，姑娘头上、身上的饰物也多用红色。在藏族的文化观念中，红色是权力的象征，是英雄们的鲜血的标志，所以红色代表着尊严，象征着一种威慑的力量。而白色的"哈达"，会同时唤起敬献者和接受者的圣洁、尊贵之情，产生美好的联想。"哈达"已成为一种符号，一种代表盛情和尊贵的符号。

四、民族服饰的形制符号特征

世界的服装分为成型类服装、半成型类服装和非成型类服装。成型类服装指以人体为依据，通过省道和分割线去掉服装与人体之间的多余空间，将面料进行裁剪缝制，由平面转化为立体的包裹人体的服装，即合体服装，近现代西方的服装大多属于成型类服装。非成型类服装是指用未经过裁剪的面料直接缠裹在人体上成为衣服，我国独龙族的麻布独龙毯属于非成型类的服装。而半成型类服装指的是尽量保持面料的完整性，经过简单缝制的服装。我国的少数民族服装主要属于非成型类服装和半成型类服装。

半成型类服装与非成型类服装都属于平面结构。我国少数民族服装的结构大多属于平面结构，服装外形只是对人体造型的简单概括，其服装形制始终贯穿着以前后中心线为中心轴，以肩袖线为水平连裁的十字形结构。中国少数民族的服装结构与中国传统服装一样，具有结构的统一性和趋同性，无论是哪种形制的服装都是十字结构的变体。

按服装的外廓型分类，中国少数民族服装基本上可分为前开型和体形型两类。前开型是指服装前开有袖或无袖的长衣，在服装前面有扣或无扣，或用带子扎起来（或不扎）的方式所形成的服装形态，如藏族、土家族、哈萨克族、裕固族、锡伯族、塔吉克族等民族的服装均属于前开型。其特点是前开、左右襟相压，把身躯及下肢两腿同时包裹起来。体形型是按照体形分别包装的类型，原则上分成上、下两部式。苗族、侗族、哈尼族、撒拉族、彝族等民族服装的穿着形式都属此类。

我国各少数民族服装形制丰富的变化发展过程，其实是服装领与襟的变化发展过程，按其内部结构可分为贯头式、对襟式、斜襟式和大襟式。

（一）贯头式

贯头式服装也叫贯头衣，前后片通常为整幅布，没有领和襟。贯头衣的形制发展大致可分为早、中、晚三期。早期贯头衣为最原始的服饰，在整张兽皮中央切开一个口子，穿着时由头部套入，腰间用绳系住；中期贯头衣是由棉布、麻布或毛毡制成，前后用整幅面料，在中央部位切开一个口子，穿着时由头部套入，两侧用绳系住；晚期贯头衣，两侧已缝合，有的已经装上袖子，前后仍是用整幅面料，在中央部位切开一个口子，穿着时由头部套入。

贯头式属于原始类服装，与此相配的下衣是围裙（用树叶、兽皮、麻布等物围住腰臀部）、吊裙（身体前后各垂一片布）及兜裆布、护腿等。贯头式服装着装后，由于颈部为圆柱体，将领口撑开，平直的肩部翻折线平行向两肩移动，使得前后衣片分别向前中线和背中线倾斜，面料的纱向也随之而变化，衣片的前后下摆向远离人体的方向外翘。现今南方少数民族中仍穿贯头衣的民族有黎族、白裤瑶、苗族、佤族、门巴族、珞巴族等。

（二）对襟式

对襟式服装相对贯头式服装已有进步，但仍比较原始。其样式是在上衣的前面中部开口，成为对襟式，无领，无扣，左右两襟用小绳系住。与对襟式相配的下衣是围裙、吊裙和护腿。对襟式服装在着装后，由于人体颈根部强行拉开了前衣片直线的领襟，使平直的肩袖线向后片倒去，衣身的整体向后滑动，即前襟上提，后襟下坠；同时，颈部周围的面料形成皱褶。少数民族服装中都有对襟式，比较典型的有花兰瑶、大花苗、基诺族、壮族等。

（三）斜襟式

斜襟式服装分为两种：一种是平铺左、右襟相对，但穿着方法为两襟相交、交叠，成为斜襟（如瑶族女子外衣）；另一种是门襟本为斜襟，是特意做成的形态（如哈尼族奕车支系女子外衣）。斜襟式服装在很多少数民族服装中都存在，其中比较典型的民族有苗族、瑶族、侗族、德昂族、哈尼族、京族等。

（四）大襟式

大襟式服装通常为右衽，直腰或束腰，长袖，下摆呈弧形，其制作工艺已相当复杂，样式走向成熟。大襟式服装由北方少数民族创造，随着北方民族入主中原而流行于中原地区，其保暖性能优于对襟衣。南方少数民族穿圆领大襟式服装是在清朝"改土归流"之后才兴起的。此式服装南北有别，北方及高原地区多为长袍，南方多为短衣，领式也有立领和无领之分。与此式上衣相配的下衣是中式便裤和筒裙。穿大襟式的民族有蒙古族、拉祜族、纳西族、彝族、普米族、壮族、苗族、布依族、裕固族等。

五、民族服饰的材质符号特征

我国少数民族由于各自历史、地理、政治、经济等诸多原因，社会形态的发展极不平衡，其服制相应地反映出各民族历史的层次性和生产力发展水平，这种由不同的社会形态带来的服制特征至今仍影响着民族服装的形制。处于发达文化阶段的民族，服装趋向于精美，用绸缎、细布、呢料、裘皮等材料制作，形制比较复杂；处于原始文化阶段的民族，服装形制原始，材料多为家织的棉布、麻布或树皮及动物皮毛等。

不同民族的人由于居住环境的不同，服饰材料主要来自山乡特产，所以显露出服饰材料的多重性。在服饰原料上，畜牧民族多偏重牲畜的毛皮，以皮毛、毡、锦缎为主；渔猎民族则多尚狍皮、鹿皮和鱼皮；农耕民族则喜欢用棉布、麻布和丝绸。例如，赫哲族的鱼皮衣、鄂伦春族的兽皮袍、布依族的蜡染布、侗族的"亮布"、维吾尔族的"艾得丽丝绸"、土家族的"西兰普卡"织锦都是极富特色的少数民族服饰材料。

第二节　民族服饰造型与图案

一、民族服饰款式造型

在各少数民族聚居的大地上，每一种款式如同一朵花，走进少数民族人们生活的地区，就如同走进了一个百花园。在这片百花园里，我们撷取了几朵千百年来都依然盛开怒放的花儿，它们五彩缤纷，争奇斗艳，分别向人们展现了它们各自永恒的魅力。"一花一世界"，每一朵花都会给人们带来一个与现代时尚完全不同的感官世界，除了享受视觉上的美感外，还能了解到其中的历史变迁、民俗事象，以此来增强我们对民族服饰的认识和理解。

（一）传统的斜襟、对襟衣

"襟"是指衣服的开启交合的地方。《释名·释衣服》："襟，禁也。交于前，所以禁御风寒也。"襟线处于人体胸腹前的纵向位置，襟线相交的方式不同，就会形成不同的服装款式。典型的有斜襟（包括大襟）、对襟的称谓。

斜襟衣在许多民族中都常用，襟线自颌下斜向腋下。襟线右斜的称为"右衽"，襟线左斜的称为"左衽"。右衽即衣襟向右掩叠交叉。传说上古时代的黄帝、尧、舜的服装襟形为右衽，唐诗中也有"麻衣右衽皆汉民"的描写。斜襟衣大多领型为交领，领型为长条形，与衣襟相连。领线旁多镶有宽阔的缘边，并常常装饰斓边花纹。交领斜襟的服装历史上使用很广，周秦冠服多为此领式，此后历代沿袭，几乎所有的公服、裥袍、外衫、小衫、宽衫、罗衫、皂衣、中衣等服装都采用这种样式。且官民皆服，男女通用。如今，依然有很多少数民族服饰沿用斜襟交领的样式。大襟亦为斜襟，《清稗类钞·服饰类》："俗以右手为大手，因名右襟为大襟。"其造型特点是衣襟开在右边，左边前衣片门襟向右侧掩盖底襟，偏位做弧线或折线处理，纽扣通常配用盘花扣、葡萄扣、按扣等，沿襟线大多饰有宽阔的装饰图案。传统汉族服装多以大襟为造型特征。

后来一直到清代、民国时期，这种大襟右衽的形式依然是汉族服装的基本特征，较多用于马褂、长褂、坎肩、长衫、长袍、旗袍等服装。旗袍在这里需要着重提出，旗袍是由满族妇女旗装长袍演变而来。其原始形制为圆领、大襟右衽、宽腰身，下摆四面开衩。辛亥革命后，旗袍形制有了很大改变，宽松腰身变为紧腰身，袍长也改短，下摆开衩长短不一，但唯独大襟右衽的基本造型还是没有改变，它是20世纪中国女性最为普遍的一种服装，一直到近现代，旗袍作为典型传统民族服装的地位始终没有动摇过。

除了汉族以外，许多少数民族都穿大襟右衽衣，有蒙、藏、彝、壮、满、普米、土、达斡尔、仫佬、侗、瑶、苗、白、哈尼、土家、羌、撒拉、毛南、鄂温克、景颇、锡伯、裕固、德昂、回、鄂伦春、赫哲、傣、傈僳、畲、高山、拉祜、水、东乡、纳西等三十四个少数民族穿大襟式的衣服。

对襟衣也是民族服装中常见的一种款式，其襟线在人体正面的中心线位置，前襟面左右衣片对齐，不重叠，无搭门，用纽扣或带子系结，是一种对称型的衣襟。穿着很方便。穿此类款式衣服的民族有汉、苗、彝、基诺、布依、白、撒拉、京、纳西、高山、佤、黎、侗、壮、珞巴、瑶、哈尼、土、仡佬、土家、毛南、畲、水、东乡、景颇、柯尔克孜、保安、阿昌、回、傣、哈萨克、佤、仫佬等三十四个民族。

不管斜襟衣还是对襟衣，都有盛装和常装之分。盛装是用于盛大节日活动和嫁娶时候穿戴的服饰，装饰隆重而繁复，故色彩艳丽、配饰繁多、雍容华贵。常装是平日劳作时候的家常服饰，方便而简单，色彩一般较朴素、深暗，装饰很少。与盛装相比，常装远不如一件装饰过的盛装能给人以强烈的遵循传统的印象。苗族服饰种类繁多，但上衣基本形制为斜襟或对襟衣，笔者通过参加老屯乡苗族的姊妹节日亲身感受到了传统的斜襟款式在该民族的地位和影响力。

"中国民族服饰之所以能历经几百年而保持传统，虽经时代变迁、文化传承，其独特的款式大体不变，其因素固然很多，但重要的原因之一，则是依仗了纷繁的传统民间节日的凝聚和传延。"●从古至今，盛装总是出现在苗族人的古老节日、婚嫁仪式中，它作为民族文化中非常重要的内容而存在和传承。苗族的常装和盛装款式在装饰的不同情况下，产生了视觉上乃至心理上强烈的震撼力，也就是盛装繁复的装饰更大程度地强调了传统造型形式，在特殊场合更能体现民族传统仪式的庄重性和权威性。如此看来，老屯乡苗族女子由于着力展示其传统服装，通过强调装饰，而增加了盛装所包含的传统要素，并且以各种方式突出了这些要素。比如，大量使用的刺绣和银饰在盛装上表现了一种显著的夸张意向，通过面积、色彩及质感对比，强调了这套服装典型的传统造型特征。如此隆重的传统款式在该民族传统的节日里更加增强了一个民族的传统气氛，在这里，刺绣和银饰的装饰作用是不可低估的。

装饰的出现突破了服装原型的意境空间，使人们获得更多的信息传达，也为单薄的视觉提供更多情趣与想象。从设计的角度来看，也是民族风格的强烈体现。

总的来说，盛装与常装的不同，也表现出了服装的一款多变的丰富形式。实际上就是在服装的结构处，添加刺绣纹样，或饰以银片，添加的装饰并未使服装造型改变，即使去掉装饰也不影响识别。反而强化了结构，强调了传统，捕获

● 戴平. 中国民族服饰文化研究［M］. 上海：上海人民出版社，2000.

了视觉，理解这种设计形式，对现代服装设计的装饰变化有着很好的参考意义。

大襟、对襟衣这种款式有着源远流长的历史，并且在几十个民族中广泛流传至今，属于我国民族服装的基本款，也具备代表性。目前国内甚至国际的T台上，在民族风格的时装展示中，经常能见到大襟衣、对襟衣的影子，但作为民族元素之一，它已经被注入了现代设计理念，幻化为时尚霓裳。

（二）花样百褶裙

百褶裙在我国已经有一千多年历史了，据汉代伶玄《赵飞燕外传》书载：西汉汉成帝时期，宫人赵飞燕被立为皇后。有一次，她穿着一条云英紫裙，与成帝同游太液池，在鼓乐声中翩翩起舞的时候，忽然一阵大风吹来，飞燕扬袖曰："仙乎，仙乎。"裙子好像燕子一样被吹了起来，汉成帝忙命侍从拉住她的裙子，裙子被拉出许多皱纹，成帝反而觉得有皱纹的裙子比原来没有皱纹的时候更好看。于是，这种有皱纹的裙子开始迅速流行，宫女们都把裙子折叠出许多皱纹后再穿出来，并把这种裙子称为"留仙裙"，也就是现代人称的"百褶裙"。明清时期百褶裙非常流行，一直延续到民国时期，青布短衫搭配百褶裙就是当时青年女子最流行的服饰。现代百褶裙是一种褶裥多而密的裙子，每个裥距在2～4厘米之间，少则数百褶，多则上千褶，实际上百褶是虚数，形容多。

民间传统百褶裙有很多种，有蜡染百褶裙、绣花百褶裙、素色百褶裙等。百褶裙不仅汉族人喜欢穿，我国南方很多少数民族对百褶裙更是情有独钟，如苗族、侗族、纳西族、彝族、傈僳族、布依族、仡佬族等。四川凉山州傈僳族百褶裙的来历，相传是仿自雨伞。

传说有个青年猎手有一次套住了一只狐狸，狐狸原来是天神的女儿变的。他俩结了婚。可是狐女只有狐皮，一直找不到一件合心的衣裳，一天狐女悄悄上山，想找件满意的衣裳。猎人回家不见了妻子，急忙带伞冒雨上山寻找，找到妻子后，他把伞骨拉掉，把伞衣给妻子当裙子穿上。这伞裙就是傈僳族女子喜欢的百褶裙。相似的传说（以伞为裙）在云南彝族中也有。苗族妇女更是喜欢穿装饰有漂亮花纹的百褶裙，苗歌里有唱"榜留去游方，穿的花花衣，围的花花裙，花衣合身材，褶裙密又匀。"关于她们的百褶裙也有一段传说，古时苗山的一个山洞里住着一个猴子精，时常到苗寨抢漂亮姑娘，后来姑娘得仙人指点逃了出来，走出森林时，衣裤皆破，无奈只好用带着的一把伞的伞衣来遮蔽身体，后来被其他姑娘们仿制成了百褶裙。苗族中有一支系，妇女的百褶裙长度不及膝盖，有的书中据其着衣特点称"短裙苗"，清代《百苗图》中就有对这种超短百褶裙的描绘。当地女子以穿着多层极短的百褶裙为美，盛装出场时，能多达六十层。层层叠叠的百褶裙裹在腰间，形成高高翘起的花朵一般的造型，让人惊叹不已。

百褶裙上的"褶"运用了一种定型工艺手法，即用针在面料上缝，再收缩线迹形成一道道细细的褶子。通常情况下，穿着单层的百褶裙，站立时褶子是半闭或全闭状态，走动的时候，褶子会随着步伐或开或闭，形成丰富多变的视觉效果；而当穿着多层百褶裙时，会塑造出向周围扩张的造型，层数越多，显得越有厚重感和体积感。说明"褶"能将本是平面效果的面料改变成具有立体效果的面料，在改变面料外观的同时，还能更大程度发挥面料的可塑性。充分说明多层叠穿的超短百褶裙有裙撑一样的造型效果。各民族中有如此多样的百褶裙，除了她们具有独特的审美和受本民族文化影响（前面提到过的有各种图案纹样的百褶裙）外，跟她们能抓住"褶"的这些原理是分不开的。日本著名服装设计大师三宅一生的成名作品中，就大量运用了这种表现形式，他充分发挥了面料的可塑性来表现一种褶皱美，成为服装史上的经典之作。

另一方面，短裙苗值得我们探讨的是，她们上身的衣衫长度不算太短，前后衣摆都能遮及短裙摆边，但仔细观察，衣衫底摆线不是平直的，从前后中心向两侧上方倾斜，衣衫两侧侧缝处，前后衣片各有一片三角形的分割，穿上褶裙后，衣衫两侧处下摆在褶往上10厘米处，给裙子留出了10厘米左右的长度，能很清楚地看到短裙的褶皱质感和造型。这样的设计方式既考虑了服装的大关系——比例美（长与短的搭配），又兼顾了服装的细节造型——三角形的分割既美观又实用。从现代审美角度来说，短裙苗的服饰造型是非常时尚而大胆的，完全符合现代人的审美。

综上所述，百褶裙作为民族服饰里的设计元素之一，我们对其造型原理和与相应服饰的组合搭配进行分析和探讨，能使设计师在设计时具有更多的构形选择和创意空间，具有现实的借鉴价值与应用意义。

（三）开放的肚兜

肚兜在民间指一种贴身穿的内衣，面料柔软，用于遮盖前胸和肚子，主要是女子和小孩儿使用。肚兜造型大多为菱形，上端裁成平形，形成两角，上端用一根带子挂于脖子上，两侧的带子则系于后腰。肚兜上常绣有各种传统的吉祥图案纹样，趣味古朴稚拙。

小孩肚兜一般绣虎，有避灾之寓，妇女肚兜一般绣白蝶穿花、鸳鸯戏莲、莲生贵子等图案，反映出对美好生活的向往。我国民间用肚兜的历史较长，明清时期更盛行，近代以来，还在中原以及陕北一带民间流行。张晓凌《中国民间美术全集·服饰卷》："肚兜，在陕北一带服者甚众，红兜肚几乎成了陕北人服饰的象征……许多学者认为，兜肚是最古的服饰，其原始形状是蛙的肢体的自然展开……可以认为，它是女娲氏留给她的后代的第一件衣服，其价值一可保护肚脐免受风寒；二可遮盖人之羞耻，至今，关中人从生到死，一直穿戴着兜肚。"旧俗五月初五端阳节，民间多为儿童缝制"五毒肚兜"或"老虎肚兜"，以避瘟病，保安康。农村又以肚兜寄托情谊，定情者常赠以肚兜，以示亲密无隙。

在一定的文化背景中，肚兜不仅仅是肚兜，其中还包蕴着丰富的内涵。据有关资料介绍，新生儿问世，我国许多地方都有给婴儿系红兜肚的民俗。一块大红的、绣有吉祥纹样的兜肚，虽然只是最简单的一块布、两根带组成的服饰形态，其中包含的文明因子却有许多，它意味着一种文化的传播和接受的开始。比如，一种造型观的传承，肚兜的服饰造型简洁、美观、大方，还能满足作为服饰的基本功能需要，加之肚兜上的吉祥图案纹样造型，这都代表着民族装饰艺术的一种样式；一种造物观的传承，经过纺、织、染、绣、缝等多种工艺做成的肚兜传给孩子的一种民族独有的造物文化，由此而使他进入一种民族文化的氛围；一种吉祥观的传承，肚兜上通常绣有"虎除五毒""连生贵子""凤穿牡丹"等这类吉祥纹样，是人们对于幸福、人生、自然、命运的一种诠释方式，这些观念的内涵通过肚兜这种服饰传递给孩子，当然不是说孩子在朝夕之间就可以理解和接受了的，但这是一个耳濡目染、潜移默化的过程。由此，要说明的就是，民族服饰中包蕴的文化内涵，是不能脱离特定的民族文化背景来理解的。

肚兜作为女性贴身的服饰，隐秘性是其特点，而在我国西南山区的侗族妇女们却能将肚兜（有的资料上称围兜、胸兜、胸围）大方地展现在人们面前，如此开放之举，的确令人惊讶。

与其他民族相比较而言，增冲侗族女子的肚兜既具备作为内衣的功能——遮蔽和保护胸、腹，又具备作为外衣的功能——与敞开的对襟上衣搭配而露出胸前精致的刺绣纹样以及下摆的三角造型，同时还体现出内外衣服饰和谐搭配的美感，因为这个肚兜作为服饰的一个组成部分，视觉上完善了整套服饰的造型，形成了侗族服饰其中一种类型的特色造型。由此，我们不能不说它取得了一举三得的效果。这里还有个细节特别值得注意：侗族女子都把颈部系肚兜的带子系结到了外衣面上，并用一个S形的银饰来连接（当地叫"银兜坠"，由一根筷子粗的圆银条盘绕而成。约一个手掌大小），虽然目的是固定围兜，而事实上更多的是美化了服饰，在不破坏整体造型的基础上，丰富了后背的视觉效果。一个小小的细节设计，传递出侗族人独特的审美情趣，从现代服装设计的角度来说，这也是一种内衣外穿的成功典范，值得学习借鉴。

另一方面，就肚兜的结构来看，我国传统肚兜均为菱形，所有图案纹样都在菱形中心部分完成。增冲侗族女子的肚兜下端部分表现出了一种新颖的结构设计，即进行了巧妙的分割处理——大菱形内有小菱形，就是前面提到过的那块拼接的围布，视觉上它占据了整个肚兜三分之一的面积，并用与中间部分相比对比效果强烈的色彩，色彩丰富的图案仅集中在肚兜的上端，视觉效果强烈，呈跳跃状。此肚兜与结构简单、装饰简洁的对襟上衣相搭配，相得益彰，这也是民族审美的完美表现。更显现了侗族人们对形式美的独特理解与诠释。

此外，除贵州增冲侗寨的女子穿这种肚兜外，广西三江地区的侗族也穿类似的肚兜，其他少数民族，如云南基诺族、贵州榕江地区的苗族、广西壮族女子也有肚兜，穿着表现方式也同样有着独特的韵味。

（四）独特的披肩

披肩是指披搭在肩、背处的服饰，也是民间常见的一种服饰。从出土文物中观察得知，早在战国时期，我国民间已有披肩的习俗。河南洛阳金村战国墓出土的铜人，肩部就搭以披肩。五代以后，披肩被制成如意头式，前后左右各饰一硕大的云头，寓"四合如意"的意思，因形得名，俗称"云肩"。敦煌莫高窟元代壁画有绘有披云肩的人物形象，而那个时期，许多瓷瓶、瓷罐的颈部也常常绘有如意头云肩，说明云肩在当时非常时尚。明清时期，以及民国时期，女子的服饰也多用云肩装饰，富有人家结婚时，新娘围于颈上，拜堂时穿用，寄托着人们美好的愿望，视之如珍，代代相传。《清稗类钞·服饰》中有："云肩，妇女敞诸肩际以为饰者……明（代）则以为妇人礼服之饰。本朝汉族新妇婚时，亦有之，尤西堂尝咏之以诗。"云肩既有装饰作用，也有实用价值，可以防止油污对衣服的损害。今天我们还能在故宫博物院见到传世的缀有云肩的清代服装。

披肩在各少数民族服饰中也很盛行，比如居住在云南丽江地区的纳西族妇女的"七星披肩"，它是纳西族妇女的服饰中最有特色的部分，是用整张黑羊皮制作，上部缝着6厘米宽的黑呢子边。这种披肩穿在身上，只以单片覆盖在背上，既可保暖也起到背负重物时保护肩、背的作用。从后面看，两肩处用丝线绣成两个圆盘，代表日月。披肩下面依次缀着七个刺绣精美的圆牌，据说这七个圆牌象征着天上的北斗七星。整个披肩用两条宽宽的白布带子十字交叉于胸前固定。居住在川滇凉山地区的彝族男女都喜欢穿"察瓦尔"，察瓦尔很大，就像一件宽大的披风，用麻和羊毛混合织成，它的用途广泛，有"昼为衣、雨为蓑、夜为被"的说法。彝族男子的察瓦尔的上端系在颈脖处，前面敞开穿着，下端吊缀着长长的穗，显得威武雄壮。还有四川西部岷江流域的羌族人喜欢穿一种羊皮坎肩，前襟敞开不系纽襻，虽然不完全属于披肩类，基本上也是披挂式的。坎肩里面是皮毛，外面是光皮板，边缘部分露出长长的皮毛，穿着时，晴天毛向内，雨天毛向外，雨水会顺着皮毛往下淌。羌族人的羊皮坎肩是民族标志性的服饰，无论男女老少都喜欢穿，他们自称其为"皮褂褂"。苗族中的许多支系的服饰少不了披肩，居住在贵州省威宁县的苗族妇女离不开披肩，她们常披一种半开领的披肩，披肩以白麻布为底，用红、白毛线织成大花抽象纹样图案，俗称"大花苗"，传说的披肩花纹是苗族南迁时的马褥子图案，其纹样表示箭，期望利箭不中，保佑苗族平安。而贵州南开地区的苗族披肩因其图案纹样丰富精细，俗称之"小花苗"，披肩上仅基本纹样就有三十余种，据史学界考证，苗族人为避免战祸从黄河流域和长江下游迁徙到西南山区，故土难忘，那些图案就是对家园的记忆与眷念。小花苗的披肩像两片很大的领盖在肩背部，穿的时候是两襟在胸前从右向左交叉，系结于腰。

（五）多彩的围腰

围腰通常是指系在脖子以下的只挡住胸腹部分或者腰以下的裙片，在民间有的围腰又叫"胸兜""围兜"。主要为民间妇女所用。它的作用是保护衣裙的整洁，后来却具有了更多的装饰意味。围腰将女性的腰身束紧，突出了女性的曲线美。围腰的形状多为扇形、方形、菱形以及其他造型，围腰上的图案纹样丰富多样，常采用多种技法装饰。

我国许多少数民族都喜欢穿戴围腰。生活在云南红河地区新平、元江一带的傣族，以其有着艳丽多彩而又独特的腰裙造型而著称，俗称为"花腰傣"。花腰傣妇女的腰部是用彩带层层束腰，将围腰与筒裙连接为一体，在腰腿部形成了层次丰富的视觉效果。云南省墨江地区哈尼族女性围腰色彩的变化是表明婚否的符号，未婚少女多系白色或粉红色围腰，已婚者系蓝色围腰。云南省西部哈尼族平头哈尼姑娘前腹部系一块围腰，标志未婚，系两块围腰，标志已婚。白族女子的围腰也纷繁多彩，其样式、长短、花纹图案、款式，依年龄的不同有严格的区别。一般未成年少女及已婚妇女，其围腰图案色彩较单纯，未婚处于恋爱期的少女，其围腰图案种类繁多，色彩丰富，大多绣有具有象征意义的牡丹、芍药、金鸡、凤凰、蝶采花等图案，多采用夸张、变形等表现技法，绚丽中蕴含深意。所以人们说，白族妇女的花围腰是一支爱情的乐曲。

藏族女子的围腰（帮垫）是藏服中必不可少的一个部件，也非常有特色。帮垫多为长方形，由多条彩色条纹装饰。从条纹的色彩和宽窄来看，牧区女子的帮垫颜色艳丽，条纹较宽；城镇的女子戴的帮垫色彩雅淡，条纹较细。傈僳族妇女的围腰也是整个服饰中重要的一部分，其色彩艳丽，纹饰丰富，长方形的围腰从腰部直至小腿以下，占据了极大的面积。黔西南布依族的妇女们很喜欢戴围腰，根据年龄不同，围腰的长短色彩也不同。年老的妇女系长围腰，上齐脖项，下至膝盖以下，围腰为素色，胸部有绣花。年轻女子系短围腰，称之为"半截围腰"，上齐腹部，下至大腿部，围腰中央绣有各种各样的图案，有花卉虫鱼、飞鸟走兽。贵州苗族有许多支系都戴围腰，特别是在重大节庆期间，妇女盛装打扮，围腰是盛装中不可缺少的一部分，她们的围腰造型多样，纹饰精美丰富，对盛装服饰的结构款式有着重大的造型意义。

生活在四川阿坝州的羌族女子，对围腰更是情有独钟，围腰制作工艺精美，图案丰富，色彩艳丽。

从桃坪寨龙小琼姐妹俩服饰围腰中的"羊角纹""羊角花"到萝卜寨奶奶服饰上的"杉树纹""火盆花"等，可以得知，羌族人把自己对自然、对爱情、对宗教的理想都折射到了服饰上，使服饰有了情感，有了生命，赋予了本民族的特色。其实，不仅仅是羌族女子服饰上有这些包含着古老历史文化意蕴的图形，这里的意蕴并不属于服饰本身，而在于所唤醒的心情。不论是桃坪羌寨龙小琼两姐妹的羊角花围裙，还是萝卜寨奶奶年轻时候的满绣围裙，都有一个特点，就是仿佛穿了一条花裙子，由于绚丽多彩的围腰是围在长衫之上的，长衫没有作为装饰的重点，只是露出长衫的下摆部分，视觉上，围腰和露出一部分的长衫下摆形成了一个整体，显得下半身服饰更有层次感和厚重感，从而造就了服饰的视觉中心，所以，在这里围腰的运用就为服饰的款式增添了一种新的形式，加上围腰和围腰带上有寓意的图案，使它们从一开始就具有浓郁的审美情趣，成了"有意味的形式"。

（六）个性的帽子（头饰）

纵观我国各民族服饰，有一个十分值得注意的现象，就是重头轻脚，他们特别注重发式、包头、冠帽的装饰，看上去十分醒目。其中一个重要的特点就是各民族帽子形状和装饰迥异，丰富多样，个性十足，往往成为一个民族区别于其他民族的标志。比如维吾尔族男女老少戴四棱小花帽，哈萨克族男子多戴三叶帽，塔吉克族男子戴黑顶高筒翻皮帽，柯尔克孜人在黑小帽外再加一顶白毡帽，裕固族妇女喜戴一种喇叭形的红缨帽，回族人戴白布无檐圆帽等。我国南方有些民族，因天气炎热，往往跣足或穿草鞋，而对头饰、包头、笠帽之类，则刻意修饰，常常别出心裁，出奇制胜。如苗族的银帽银冠，其中牛角形银冠大的近一米高，上面还雕有许多精致的图案纹样，又大又沉重的银头饰展现出姑娘家的富有。苗家姑娘们的头饰造型是不同支系的标志，连小孩的帽子也会随支系的不同而呈现不同风格。生活在广西的毛南族，利用当地盛产的竹子编织成精美的花竹帽，既能遮阳，又能避雨，还是男女青年的定情之物。

土家族孩子多戴一种菩萨帽，又叫"罗汉帽"，帽上从左至右钉有十八罗汉，围了半圈，正中间还缀着一尊大菩萨，据说是土家族信奉佛教的标志。哈尼族有的支系的小孩喜爱戴一种用贝壳和椰子壳装饰的竹帽，夏天戴着既美观又凉快。哈尼族一支系女子戴一顶尖头帽，帽顶高耸，饰物繁多，制作精巧，戴上这顶高高耸起的尖头帽，便标志着女孩已经成熟，可以谈情说爱了。此外，通过帽子或头饰体现出来较有明显区域特点的少数民族还有彝族、藏族、侗族、佤族、白族、纳西族、傈僳族、壮族、傣族、瑶族等。

各民族的帽子与衣服一样，也是源远流长，历史悠久的。据《蛮书校注》

卷八记曰："其蛮，丈夫一切披毡。其余衣服略与汉同，唯头囊特异耳。"彝族这一"头囊特异"的造型，至今还保持着。蒙古族妇女喜欢包"袱头"，是用布或绸在头上包缠，再将头巾沿两耳垂下，左右对称。这种包头样式，形成于成吉思汗时期。当初，成吉思汗统一蒙古各部落后，下令每个人罩头巾以示颅上飘有旌旗之角。希望勇敢的民族精神永存。几百年过去了这种头饰仍流传不衰。

勤劳的闽南惠安女，头饰更是独具个性，不分风雨晴晦，不论屋里屋外，她们在包头之上都戴一尖顶黄竹笠帽子，整体造型和装扮都极富传奇色彩。

惠安女头部的装饰在我国各民族中不算最复杂的，但的确称得上独具特色和个性。惠安女的头巾从头部自然下垂，呈"A"字形披落在胸前及后背，遮掩了上身短衫的二分之一还多的面积，头巾从下颌部固定，以别针或者纽扣作为固定的工具，但非常强调装饰效果，别针一般都装饰得像花朵，而纽扣则像衣服纽扣一样，从上至下等距离排列，给人形成头巾与服饰连为一体的错觉，可以说头巾在这里很自然地成了上装的一部分，和谐而统一。再看戴上尖顶斗笠的惠安女，尖顶斗笠的出现增加了服饰的个性色彩，视觉上，明黄色的斗笠平直地处于头部最高处，色彩到造型都十分吸引人的眼球，黄斗笠加上花头巾组成了花俏艳丽的头部形象，即使你的视线从上到下完整地扫描全身后最终还是会定格在头部，这点与其他民族是完全不同的，别的民族大多用装饰繁复、琳琅满目的头饰或帽子来吸引人的眼球，而惠安女的帽子（加以花头巾）却用这种最简洁的形式语言来抓住人的视线，又不失与整体服饰和谐统一的关系。

纵观各民族传统服饰，还有很多典型的款式造型值得探讨和分析，在此仅仅分析了六种类型：斜襟、对襟衣，百褶裙，肚兜，披肩，围腰，帽子，每一种类型蕴含的设计元素，对现代服装设计都具有一定的参考价值。

二、民族服饰图案纹样

细观少数民族服饰美丽的图形纹理，有的呈规整的几何形状，有的是十分夸张的动物图案，有的是变形的植物纹样，还有许多奇怪的具体看不出是什么内容的图形，这些纹样丰富多彩，结构严谨、色泽厚重，规律性强，足以说明其民族祖先通过对自然界的细致观察，从生活中捕捉生动形象，再结合大胆想象，运用娴熟的技艺展现于服饰之上，从而达到质朴、厚重、绚丽的艺术效果。这些纹饰大多反映出各民族对生活的热爱和对美的追求，富有浓重的吉祥意味。在这里，将这些神秘的图形分为五大主题——民族历程，图腾信仰，天地万物，生殖崇拜，吉祥符号。我们以此为代表，从其文化内涵的角度来解读民族服饰中纷繁复杂的图案纹样，从而更好地理解民族服饰图案的造型特征及其审美特点。

（一）民族历程

在漫长的历史进程中，一个民族为了集体的生存发展，为了形成团结、统一的社会秩序，往往通过各种方式来强化该民族的凝聚力和向心力。有关这一点，在各民族创世史诗中都有充分体现。特别是在我国南部的有些少数民族，民族生存的尊严使得他们更加注重民族的陈述，他们通过服饰上的图案表现，从而起到追根忆祖、记述往事、沿袭传统、储存文化的巨大作用，对于个人和族群而言，这是保存历史记忆的有效手段。

1.迁徙纹

西南少数民族妇女衣裙上那些斑斓的图形，许多有关资料都认为和他们民族的历史有关。广西红瑶女子的衣服上，有许多水纹托着船形的图纹，船里还有若干人形，反映了瑶族师公所唱远古祖先迁徙的场景："漂洋过海又过江，开船三月迷方向，行驶不出海中央，思量飞天无翅膀，人心慌乱无主张。又怕风大翻落海，万般无奈想盘王……"

居住在云南地区的哈尼族对祖先从遥远的北方迁徙而来所经历的坎坷与艰难常常记录在服饰上，她们在举行丧葬活动时，保留了"亡魂归祖"的习俗，送葬女歌手搓厄厄玛要戴一种叫"吴芭"的帽子，"吴芭"宽52厘米，最高处（中间的三角形）达14厘米，其余依次递减为13厘米和12厘米；边高6.5厘米，厚布织底，丝线缠边，图案皆拼嵌而成。

据当地著名大贝玛（祭师）解释，这是给死者的魂魄引路用的。没有"吴芭"引路的魂是野魂。帽上绣的花纹是哈尼族祖先南下的历程图，帽子上刺绣有五组不同色彩的三角形图案，每个三角形代表着哈尼族人所经历的某一个历史阶段的表象，象征着哈尼族祖先从远古到现在的全部历史。这五组三角形图案排列次序感很强，呈对称状分布，透射着神秘的色彩。据说"亡魂"将按此图形回到祖先居住的地方。魂魄最后的回归地点是"哈尼族第一个大寨惹罗普楚"。据有关资料查证，"吴芭"上的纹样作为一种民族迁徙标志，记录着祖先迁徙的历史，这与哈尼族祖先迁徙古歌❶以及神话❷❸等所述的民族迁徙情形是相似的。

苗族女子衣裙上也同样反映了本民族的迁徙历程。传说苗族祖先生活在黄河、长江中下游，势力一度很强大，修建有漂亮的城市，后来先祖格蚩爷老被逐出中原，他们被迫迁徙南下。为了记住故乡，苗家人把迁徙经过的大小河流绣织染成"九曲江河花""三条母江花"（祖先迁徙经过的黄河、长江和嘉陵江）之类，又把曾经拥有的城市和肥沃的土地简化成"城池花""田园花"，笃信其发源之地在中原地区。在云南文山州、红河州的"青苗""花苗"中，传说裙子的褶皱是表示怀念祖先故土；上半部的几何条纹象征着她们过去逃难中怎么过黄河长江的；那密而窄的横条纹代表长江，宽而稀且中间有红黄的横线代表黄河，这里是苗族的发源地；褶叠代表着洞庭湖的水和田，衣服上的武术动作图案象征古代的战斗。他们把这些图案绣在衣裙上当作永久的纪念，难怪学者们都把苗族称为"将历史穿在身上的民族"。

2.瑶王印纹

南丹白裤瑶男子裤双膝处各有五道红色条形纹绣，他们自己这样解释：百年前先祖与土官斗争负伤，将血手印在族人的裤子上，以表示永远不忘民族仇恨。白裤瑶女子的衣背上有一个方形的图案，或为"回"字，或为"卍"字，据说这是当年被土司夺走的瑶王印，把它用蜡染加绣的方式镶制在衣服和小孩的背带上，以激励人们发奋努力，凝聚起部族自强不息、争取独立的信心，从而不忘这段民族耻辱的历史。

（二）图腾信仰

图腾，相关资料解释为"他的亲族"，在原始时代人们相信人和某种动物或植物之间保持着某种特殊的关系，甚至认为自己的民族部落起源于某种动物或植物，因而把它视为民族部落的象征和神物加以崇拜。这也是发源于"万物有灵"观念的一种原始宗教信仰。信仰是在自然崇拜的基础上发展起来的，随着民族的发展而发展。我国各民族之间有或多或少相同或完全不同的图腾信仰，有的

---

❶　哈尼阿培聪坡坡. 云南省少数民族古籍译丛第 65[M]. 昆明：云南民族出版社，1986.
❷　祖先的脚印 [A].// 云南省民间文学集成编辑办公室编. 哈尼族神话传说集成 [C]. 北京：中国民间文艺出版社，1990.
❸　豪尼人的祖先 [A].// 云南省民间文学集成编辑办公室编. 哈尼族神话传说集成 [C]. 北京：中国民间文艺出版社，1990.

民族图腾信仰不止一种，他们将崇拜的图腾形象以符号化的形式绣制在服饰上，强化了将人们连接在一起的情感纽带，并一代代传承至今。

1.虎纹

虎是山林中的猛兽，被称为"百兽之王"，自古以来虎就是勇气和胆魄的象征，用虎做装饰纹样有保佑安宁、辟邪的寓意。虎纹在民间服饰上运用很多，民间喜欢给孩子戴虎头帽、穿虎纹围兜、虎纹肚兜、虎坎肩、虎头鞋。古羌遗裔诸族多崇拜虎，自命"虎族"者不少。同属古羌遗裔的彝、白、纳西、土家、傈僳、普米等民族，都不同程度地保留着崇虎的遗迹。其中，彝、纳西、傈僳等族崇尚黑，以黑虎为图腾，土家族、白族以白虎为图腾。

彝族的传统服饰，男子全身皆着黑色，以黑为贵。古时彝族人被称为"罗罗"，即为虎意，明文献《虎荟》卷三载："罗罗——云南蛮人，呼虎为罗罗，老者化为虎。"彝族著名民歌《罗哩罗》即是对虎的颂扬。

世居滇南红河流域的彝族"纳楼部"有黑虎之意，据纳楼土司后裔说，他们"对虎有一种神秘的观念"，感到"祖先与虎之间有某种内在联系"。祭祖时，必须在祖先（普向化）的塑像上披一张虎皮，因为传说这位祖先是其母感虎而生，生后尚能人化虎、虎化人。在彝族地区，女子身围虎形围腰，大约有希望她们的肚腹为虎族多孕虎子或纳入虎族的用意。男人穿绣有老虎图案的衣褂，作为节日庆典的盛装；老人足履虎形鞋，毕节彝族新娘出嫁时要戴绣有虎头纹的面罩，小孩出生时要戴虎帽、围绣有虎纹的肚兜，穿虎形鞋，以表示"虎族又添后代"。

土家族自古崇尚白虎，祭祀祖先巫师带领祭祀跳摆手舞时，用的小旗上均画虎纹。土家人自称"毕兹卡"，据说"毕兹"有白虎之意，"卡"为家之意。土家族地区以虎为地名、人名的很多，土家族织锦上的纹样很多也以虎为题材，比如有名的"台台花"纹样就是虎头形变化而来的。

2.龙纹

龙纹是中华民族的象征，也是图腾崇拜的产物。我国早在夏族的时期，由夏族蛇图腾与羌族等氏族部落的图腾合并而成的龙图腾就已出现。直至夏朝建立，龙图腾在中原地区广泛地传播开来，并与其他的图腾继续合作觚变。直到今天，先民的龙图腾仍然对中华民族具有巨大的影响力。我们现在自称是"龙的传人",即与古代龙图腾崇拜相关,"龙"被视为中华民族的象征,可以说是古代龙图腾的现代遗存现象之一。

我国南方许多少数民族崇拜龙,龙是人们依据蛇、蜈蚣等虫类形象想象出来的形象,甚至被一些民族将其结合其他动物一起崇拜,广西瑶族人崇敬的狗被冠以了"龙犬"的称谓。至今可以看到瑶族女子服饰上许多似狗非狗的"龙犬"的纹样。瑶族服装整体的表现,自有长尾斑衣的古俗,以仿效五彩龙犬的模样。另外,在广西融水花瑶、龙胜红瑶的女子服饰上,也出现有龙犬的具体形象,花瑶的挑花更像一条龙,红瑶的龙犬有的在肚子里绣上很多人形,标志着繁衍。

侗族以龙蛇为神灵,并作为本民族的保护神和象征加以崇拜。侗族神话《元祖歌》里说了宜仙、宜美生下六个儿女:龙、蛇、虎、雷、姜良、姜妹,因此龙蛇也是侗族祖先的同胞兄弟。侗族建筑及各种装饰中均有龙蛇图案,清代末年,侗家常有自称为"蛇家"的,可见对龙蛇的崇拜在侗族中影响深远,在服饰绣品上的龙纹是善良、灵巧、可爱的形象,经常被运用在背带盖片、围裙、袖、衣襟等明显的部位。

(三)天地万物

在民族服饰纹样中,有许多表现天地万物的纹样,这类纹样不仅注重装饰效果,更重要的是表现对大自然的崇拜。其中,大多以对日、月、星辰、大地、大树等的崇拜为主,人类面对大自然,通过身着的服饰,用这些美丽的纹样,在有限的天地中创造和表达出无限的精神世界。

1.太阳纹

我国崇拜太阳的历史可推及至原始社会,原始岩画曾对太阳做过形象的记录,古人对太阳崇拜的典礼也是非常隆重的,殷墟卜辞中就有许多"入日""出日"的记载。炎帝、太昊、东君都是古代的太阳神,在各民族中也都有关于太阳崇拜的方式。太阳既能给人类带来光明和温暖,也能造成干旱酷热,降灾难于人类,因而,各民族又多有射日的神话。由此太阳的纹样成为护佑人类的吉祥符号并在诸多民族服饰上频频闪光。

彝族是一个崇拜太阳的民族,彝族的创世史诗《梅葛》唱道:"她们的始祖格滋天神放下九个金果变成九个儿子,九个儿子中有五个造天;又放下七个银果变成七个姑娘,其中有四个造地。天地动摇,用大鱼稳住地角,用老虎的四根大骨做撑天柱。天上出现九个太阳，格滋左手拿錾，右手拿锤，把多余的八个錾掉……"彝族的背带上有四个红色块、四个蓝色块展示出造天地的儿女；也是九个太阳，中间的一个卐字符号，正是那颗永远不落的太阳。彝族称这种图纹为"挡花"，常护在身体最重要的部位。太阳旋动的光焰能抵挡所有的邪恶。

瑶族服饰上的太阳纹更多的是为了渲染女子形象，太阳是该族创世神话中女神开天辟地、执掌乾坤的创世勋章，作为普照万代的一个滋养生命的光环。分布在广西、贵州的瑶族女子喜欢刺绣，她们的头帕上、花带上几乎都绣有被图案化了的太阳纹样。太阳纹有的以大圆套小圆的形式出现，有的将太阳幻化为齿状多边形，充分体现出装饰的特点。

侗族的太阳崇拜，在百越时期就已形成，在广西出土的大量铜鼓面上，都有放射的太阳纹，侗族《祖源歌》中说，远古时代，洪水泛滥，淹没了大地，侗族的始祖母萨天巴（侗族中至高无上的女神）以九个太阳照耀大地，晒干了洪水，拯救了万物，人民得以生存，但大地又被十个太阳晒得枯焦，姜良、姜妹请皇蜂发神箭射落了九个太阳，只留下原来的一个，使大地恢复原有的生机。侗族的母亲们感谢太阳带来的温暖和光明，祈求太阳神保佑自己的儿女能逢凶化吉、健康成长，因而对太阳有着特殊的感情，如带孩子外出要在孩子肚脐周围用锅烟画太阳纹，以象征太阳神，认为这样能驱邪除病。将太阳纹用于儿童背带服饰上就成了儿童的保护神。

2.月亮、星宿纹

侗族也崇拜月亮，认为月亮是人们的避难之处，是可以依赖的神，每逢八月十五的夜晚，寨内儿童会将一个柚子穿于竿尖，上插点燃的长香，成群结队对月高呼喜跃，或手持圆月形饼子，向月示意。在侗族创世史诗中，有《救月亮》的古歌。侗族刺绣背带片上有圆形并带齿状发射纹样，当地称之为月亮花，在《史记·天官书》中，古人将天化为五大区域，列九十一星组，《史记正义》注中有"婺女四星，亦婺女"，又有"婺女……主布帛裁制、嫁娶"，如此看来月亮花的周围是婺女的四星，侗家女绣的这幅图案正是指月光下正在绣着背带花的她们，月亮花和星宿纹形式统一，都采用锁绣完成装饰，如秋高气爽时明月高悬夜空，宁静而恬美的意境，纹样、色彩和内容达到统一和谐的美。

如此这类月亮及星宿纹样在湖南通道、广西三江侗族背带中常常能见到，尤以湖南通道独坡乡的背带为典型，背带中央绣饰一个大大的圆形纹样，四角各有一个小圆纹，在圆纹的周围布满冠状花纹，边缘呈放射线条状。这组纹饰被统称为"月亮花"，中心纹样象征月亮，四角纹样为星宿，整幅图案采用古老的锁绣技法，黑底白纹，以彩线点缀其中，显得古朴而神秘。

另一幅月亮花背带，整幅图案色彩素雅，中心纹样月亮花采用锁绣成同心圆的图案，黑底上用银白色的丝线绣成各种纹样，同心圆代表月亮的光辉，绣工细腻精湛，真是月光如水一般，有的背带用少许彩色线在深蓝色如漆似的侗布上绣上月亮花，中心用宝石蓝和淡紫色的线绣上蜿蜒多变的曲线，四周是榕树形成铺天盖地之势，丰富而饱满。

3.树纹

树在人类远古神话中，有时是人攀缘登天，与天对话的天梯；有时是支撑天地不致塌陷的顶天柱。树从地面耸起，直指天空，可寄托人类与天相接、与日相交的理想和愿望。因而，人们选择树作为生命欲求的支撑，让天地沟通，万物有了繁衍生存的空间。

贵州、广西的侗乡属亚热带地区，村寨周围常可见到四季常青、根深叶茂的千年古榕，当地"榕"与"龙"同音，因此榕树又被称为"龙树"，人们喜爱榕树，崇拜榕树，尊之为"生命树"，希望自己的族群都能够如榕树般具有旺盛的生命力，子孙后代像榕树一样根深叶茂。凡体弱多病或生辰八字不吉的孩子，父母担心难以养育，便带他们到村寨的榕树下焚香烧纸，祭拜榕树为父，以后每逢岁时节日，拜过父的孩子都要前来祭拜，并把花纸钱贴在树干上。

侗族的背带盖片上大多绣上榕树纹，盖片的中心是圆形的太阳或月亮纹，四周绣着四株繁茂的榕树纹，多以锁绣技法绣饰枝干，或盘根错节，或挺拔直立、华冠葱茏，布满整个背带盖片，成为生命旺盛的象征。侗族《捉雷公的故事》说，姜良射日时，是沿天梯马桑树登天，射下九个太阳的。天王见马桑树长得太高，地上的人总来找麻烦，就咒道："上天梯，不要高，长到三尺就勾腰。"马桑树于是不长了。绣在侗族背带上的四颗大榕树，显然更具有顶天柱的性质，是侗家现实与理想的精神支柱。

瑶族神话故事里说："人在地下说话，天上也能听得到。"为此，人类设计出可与天地沟通的天梯或撑天树。瑶族有一则神话说："远古时光，天是靠一棵树撑起来的，所以，天地相隔很近，地上的人经常沿着树爬到天上去玩。"瑶族服饰纹样中，大树的形象多显示出一种雄伟庄严的孤傲姿态。

第三节　民族服饰工艺及技法

在对民族服饰款式造型和图案纹样进行研究的同时，我们会发现，服饰由于制作技艺和材料的选择不同，给人的感受很不一样。人们通常不满足于织一块布，而是考虑由某种技术可以达到怎样的视觉效果和美感。最显著的就要算周代在冕服上绘、绣的"十二章"图案了。服饰艺术与其他艺术形态不同的是，民族服饰的材质和技术性很强，材质性和工艺性是构成服饰风格的重要因素，因此，学习和了解民族服饰的工艺技法，也是进行民族风格服装设计的重要方式。

自古以来，中华民族就是一个以农为本的民族，几千年的农耕生活方式形成了男耕女织的文化传统，手巧是中国女性完善的一个重要标准，关系到未婚姑娘的婚姻与前途。所以，在许多民族中，女子自小就学习服饰的各项工艺技法，人们把纺织技艺的高低好坏当作评价一个女性能力、美德的标准，有些民间传说、故事和歌谣中有大量内容是将纺织技艺等同女性美德进行歌颂的。彝族民间有"不长树的山不算山，不会绣花的女子不算彝家女"之说。

"印染""刺绣""编织"等每一项传统而古老的工艺长期在老百姓的生活中占据着重要的位置，在我们今天来看，"印染""刺绣""编织"等工艺形式其实很简单，不需要什么大型设备，但其中却包含着丰富的生产经验与女性的智慧，可以说，在民族服饰工艺中所积累的技艺、经验、审美形式乃至特定的文化内涵，在整个中华民族的传统中具有独特的地位。因此，民族服饰表现出的是实实在在的女性文化和女性艺术，在这片女性的天空之下，服饰工艺文化散发出生生不息的魅力。

民族服饰工艺在几千年的发展历程中，由于地域、物产等自然条件的不同，人们利用和加工的手段也不同，形成了丰富多样的艺术风格，同时也随着丰富多样的品种和技法而显示出不同的特点，都有各自其独特的表现方式。

一、瑰丽多彩的刺绣

（一）刺绣概述

纵观我国各民族服饰，刺绣是服装上主要的装饰手法，在中国有着悠久的历史，又名"针绣""扎花"，俗称"绣花"。因多为女子所作，故又名"女红"。刺绣是用彩色丝、绒、棉线，在绸、缎、布帛等物质材料上借助针的运行穿刺，从而构成花纹、图像或文字的一种工艺。

我国的刺绣艺术源远流长，早在殷商时代，就常以"锦""绣"并称。从春秋战国到秦汉时期，刺绣工艺已经发展得十分成熟。在目前出土的文物中，战国至秦汉时期的刺绣实物相当丰富。

长沙马王堆一号汉墓出土的丝织刺绣品种有"信期纹""长寿纹"等。刺绣针法主要是锁绣，针法细腻流畅，艺术价值很高。

唐朝时期刺绣更为丰富，针法多变，色彩华美。正如白居易《秦中吟》所云："红楼富家女，金镂刺罗襦。"宋代刺绣发展更盛，连寺院尼姑也绣制服饰出售，还出现了用刺绣模仿名家书画的做法，摆脱了使用功能，发展成为纯欣赏性的艺术品。刺绣到清代发展到鼎盛时期，品种繁多，针法丰富，分布广泛，刺绣技艺亦更臻完美。

由于风格各异和刺绣产地的不同，形成了"四大名绣"（苏绣、湘绣、粤绣、蜀绣）而驰名中外。

同时，刺绣艺术在少数民族服饰中的应用也十分广泛，头巾、衣领、衣襟、袖口、袖腰、衣肩、衣背、衣摆、腰带、围腰、裙子、绑腿、鞋子、围兜、背儿带、枕顶等都离不开刺绣的装饰。许多少数民族女子花费多年时间一针一线地刺绣，只为了制作出一套精美的盛装服饰作为嫁衣。苗族刺绣针法细腻精致，是我国保留传统针法最全面的绣品，并善于创造新针法，如绉绣、辫绣、堆花、锡绣等，还有我国最古老的针法锁绣，在苗族刺绣中得到了很好的运用和发展。瑶族服饰刺绣也十分丰富，《后汉书》中有瑶族先民"好五色衣"的记载，以后的一些史籍中也记载有瑶民"椎发跣足，衣斑斓布"的习俗。瑶族刺绣针法绣法灵活多变，或粗细相间，或虚实结合，色彩明快。侗族刺绣要求最高的是背儿带，绣艺一般的女子是不敢绣背儿带的，一定要等到绣艺高超时才能绣它。侗族的刺绣背儿带，图案结构紧密，常在黑底布面上绣出五彩花纹，显得绚丽夺目，光彩照人。彝族的刺绣图案独特，色彩强烈，有着独特的象征意义。白族刺绣工艺精细，色彩鲜艳，运用诸多丰富的纹样和内容来表达该民族的传统信仰。其他如羌、土家、景颇、壮、蒙古、藏、傣、维吾尔等民族也都有自己特色的民族刺绣。各民族刺绣绣法自成体系，绣品风格各具特色，并大量运用于服饰和家居用品中，代代相传。

（二）刺绣的工艺

刺绣的工艺主要在针法与相应的配线色上。针法就是指绣线按一定规律运针的方法，反映在绣品上就是绣纹组织结构以及纹样附着于面料的各种手段。从古至今刺绣针法极为丰富，本节简要介绍锁绣和打籽绣的针法及艺术风格。

1.锁绣

民间又叫"链环针""辫子股绣""扣花""拉花"等。这是古代最早采用的针法之一。起自商代，直至汉代，刺绣均沿用此法。陕西宝鸡茹家庄西周墓出土的刺绣印痕即是辫子股绣；湖北马山一号楚墓的大批绣品绝大多数是辫子股绣。可以说，在汉代以前，辫子股绣占据着中国刺绣的主导地位。这种针法易于表现流畅圆润的线条，密集排列又可组成具有肌理效应的体面。而且简便易学，至今仍为民间刺绣的常用针法。锁绣的特点是曲展自如，流畅圆润，用来表现线条或图案形象的轮廓，可以形成严整清晰的边线。在表现块面纹样时，则须讲究排列，使线条排列与纹样形状相吻合。锁绣的针迹呈链状结构，与平绣相比具有较强的消光性，反光弱。更显色彩厚重，不浮艳。锁绣的和色不如平绣那样柔顺，但运用得当仍能形成色彩的深浅变化。

锁绣的基本绣法有"双针法"和"单针法"两种。双针法的做法是：在刺绣时双针双线同运，所用绣线一粗一细，粗线做扣，细线穿扣扎紧，反复运针，形成图案。单针法则只以一针一线运作，每插入一针做一个扣，针从扣中插入，形成一环紧扣一环的纹路。有的书中将双针法称为闭口锁式，单针法称为开口锁式。双针法形成的锁绣纹路与单针法相比更加牢固地贴于绣地。

锁绣针法在民间刺绣中保持得最为完好。少数民族衣服上常见的用锁绣针法绣成的装饰图案如图3-1～图3-3所示。

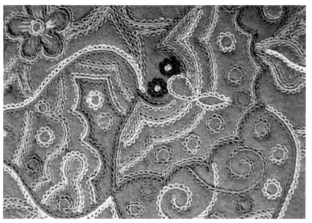

图3-1 衣服上的图案用锁绣完成

　　如图3-1所示的主体纹样为四边几何形，以四瓣花为几何中心，周围还满绣有线性抽象纹样，共同组成一个基本单元，并向周围延伸形成有规律的四方连续图案，展现出丰满而密实的构图。其中纹样采用的是锁绣针法，锁绣的线迹与线迹之间的空隙用平绣完成，使得整个图案丰富严谨。台江施洞一带苗族服饰上的龙纹刺绣也常用锁绣方法完成，如图3-2所示，图中为苗族崇拜的龙为主体纹样，龙纹呈流线形，龙的造型夸张可爱，采用锁绣反复刺绣而成。

图3-2 锁绣龙纹图案（局部）（刘天勇摄）

　　龙的鳞甲用多种色彩组合，蜿蜒蜷曲的身体沿边用锡绣手法制作，使得龙纹形象更加突出。整个图纹清晰牢固，古朴典雅，形成具有特色的纹饰风格。锁绣在侗族刺绣中也特别突出，并发展成锁绣的月亮花、太阳纹、榕树花、蜘蛛纹的各种锁绣针法。如图3-3所示，太阳纹以双针法锁绣成轮廓，再以长短针与单针法锁绣结合绣出轮廓中的空间纹样。

图3-3 侗族双针法锁绣纹（局部）

层层围绕太阳纹的大榕树纹也是采用此种针法，对角的四根粗壮的树干以双针法锁绣，枝叶单针法锁绣完成，显得图案古拙粗犷，更具有神秘的色彩。

2.打籽绣

这也是古老的刺绣基本针法之一。打籽绣俗称"结子绣""环籽绣"。日本人称之为"相良绣"，中国民间则叫作"打疙瘩"。打籽绣采用绒线缠针绕圈形成颗粒状的方法，绣一针成一籽，故名打籽绣。绣纹具有粗犷、浑厚的效果，装饰性很强，是锁绣的发展。最早见于战国，汉以后较为普遍，山东临淄战国墓中出土的丝织履上曾发现装饰性的打籽绣，蒙古国诺因乌拉东汉墓出土的绣件中也见打籽针法。针法简练、厚重，绣纹兀立，光彩耀眼，坚实耐用。绣线粗细变换，以控制结子大小。打籽一般是由外向内沿边进行。籽与籽的排列均匀，大小整齐（图3-4）。打籽绣多用于表现花蕊、眼睛等点状纹样。

图3-4 贵州凯里苗族衣袖上的打籽绣

通常打籽绣有三种运针方法：①先在绣面上挽扣，落针压住环套绣线，形成环状的小粒子；②先将绣线在绣针上绕三圈，再用如图3-5所示方法落针，从反面抽针拉紧，使绣面形成立体状的颗粒；③用双线先按图示进针和出针，双线在针尖左右各轮流绕二至三针，再将针抽出，并按原针孔戳向反面抽紧即成。

图3-5 打籽绣针法

如图3-6所示的是四川凉山彝族打籽绣图案，以花和小鸟纹样为主，纹样的边缘属钉线绣，花枝采用辫绣工艺，纹样的填色均用打籽绣完成，显得构图饱满、古朴厚重。

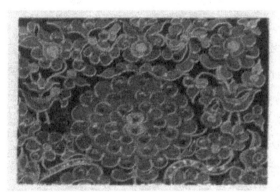

图3-6 彝族打籽绣图案

二、朴素大方的印染

我国民间印染种类很多，包括蜡染、扎染、夹染、蓝印花布、彩印花布等，这些印染工艺技术有着悠久的历史，并且在我国传统文化中产生了深刻的影响。在中国的历史上，服饰穿着是有阶级限制的，平民百姓不可能穿着华贵的绫罗绸缎，因此成本低廉、加工方便的织物印染工艺便在民间发展起来。据考证，我国西南少数民族地区在汉代已经掌握了蜡染工艺，他们利用蜂蜡和虫白蜡做防染的原料，制作出蓝底白花的布，这种布古称"阑干斑布"。如《后汉书·南蛮传》中"哀牢，有帛叠阑干细布"。随着西南各民族之间的文化技术交流的进行，印染技术逐渐流传到中原内地以至全国各地，并且还流传到亚洲各国。明清时期，我国的众多地区都发展了蓝染工艺与蓝印花布工艺，甚至成为当地的支柱产业，一直延续到近代。到清代后期，蓝印花布进而发展为彩色印花布，具有多种色彩效果。

各民族的印染不仅有着悠久的传统，而且形成了一套出色的生产工艺，这些工艺简便、精巧，可以在手工生产方式的条件下，将坯布加工成朴素大方、牢固耐用的花布，受到广大人民的喜爱，所以才能有广泛的流传和不断的发展。以下介绍三种在民族服饰上运用较多的工艺：蜡染、扎染和蓝印花布。

（一）蜡染

蜡染是我国古老的印染技艺之一，古时称"蜡缬""点蜡幔"或"蜡缬"。是一种防染印花法。防染的基本原理是利用"遮盖"或"褶迭"的方法，使织物不易上色，产生空白而成花纹。关于中国蜡染历史，从留存遗物和文献记载分析，最晚出现在东汉，至隋唐时，已使用较广，此后一直延续至今，尤以西南少数民族地区盛行，苗族地区至今还流传着《蜡染歌》。制作的方法是，利用黄蜡、白蜡等能起排染作用的物质，加热熔化后在织物需显示花纹的部位用蜡刀画上图案，然后把布浸入染缸染色，染好之后，将蜡煮洗干净，因涂蜡处染液难以上染，而使织物显示出白色花纹图案。这是单色的蜡染。若照此描绘并用不同的染料浸染几次，还能制作五彩的蜡染。蜡染由于在操作过程中固态的蜡往往会产生裂纹，染液顺着裂纹渗入织物纤维，形成自然的冰裂纹，这是人工难以描绘的自然龟裂痕迹，称为冰纹，图案相同而冰纹各异，自然天趣，具有其他印染方法所不能替代的肌理效果（图3-7、图3-8）。

图3-7 蜡染裙布

图3-8 四川叙永两河蜡染裙布上冰纹自然天趣

近代蜡染技术以西南少数民族地区最为发达，为苗族、布依族等少数民族的一种主要服饰布料，长期以来形成了其独特的装饰风格（图3-9）。

图3-9 贵州重安江背儿带蜡染图案

贵州蜡染的古老工艺蜡染工艺所需材料和工具比较简单。材料有坯布、蜂蜡（黄蜡）、白蜡、蓝靛、白芨或魔芋（上浆用）；工具有几种铜制的蜡刀、剪纸花样（定大轮廓用）、稻草或竹片（定距离用）、盛蜡铜碗、炭盆、染缸等。

坏布：干净的白色土布、白色麻布、白色绵绸、白色丝绸均可。

蜡：蜡是防染之物，民间蜡染用蜂蜡为主。蜂蜡（黄蜡）是蜜蜂工蜂腹部蜡腺分泌物，不溶于水。点蜡时，通常会掺和一定比例的白蜡（白蜡虫分泌的蜡质），掺和多少会对图案效果有不同的影响。蜂蜡黏性强，覆盖紧密，不易起裂纹，白蜡性脆易裂，若有意追求大面积冰裂纹，可增加白蜡的比例。

蜡刀：通常为铜制，是以两片薄铜合成斧形，刀宽1厘米左右，中间稍空，上接8厘米左右长的小木棍做柄，沾蜡后，蜡蓄于两薄铜片之间，借铜导热的优良性能保持蜡液的适当温度，蜡太热，画纹样时容易渗透浸开。

蓝靛：是民间天然染料之一，以蓝草叶发酵而成。蓝草也称蓼草、蓼蓝。《本草纲目》上说："靛叶沉在下也，亦作淀，欲作靛，南人掘地作坑，以蓝浸泡，入石灰搅拌，澄去水，灰入靛，用染青碧。"

蜡染在我国流行两千余年，有不少古籍记载其工艺流程。如《贵州通志》中有"用蜡绘花於布而染之，既去蜡，则花纹如绘"。这短短文字叙述了蜡染的三个要点，即点蜡、染色、去蜡。在民间，蜡染工艺流程为：坏布洗练上浆—安排底样—点蜡—浸染—脱蜡。

坏布洗练上浆：坏布洗练好坏直接影响蜡染效果，因此少数民族制作蜡染布时很看重这一环节，要将蜡染坏布反复浸泡、捶打、清洗、日晒。有的还用草木灰浸泡或水煮，以去掉棉纤维中的杂质和棉布的浆料。再用白芨或魔芋煮成浆糊状，上浆于布的背面。不上浆的布，可用蜡固定在木板上。

安排底样：民间绘蜡均不画草稿，胸中自有腹稿，仅以稻草、竹片比划位置，用指甲在布上画出大致范围，也可先将一些固定的传统纹样剪成剪纸作为参照。

点蜡：这是蜡染的重要环节。想要花纹清晰，点蜡要浸透坏布，使之进入纤维里。能否浸透关键在于蜡液温度的掌握，温度过高，蜡液四处渗开而影响纹样的效果；温度过低，蜡液浮在坏布面上会很快凝结，染液易渗入纤维而不能起防染作用。点蜡的速度也很重要，虽然用铜片做成的蜡刀能较好地保持蜡液的温度，但也很难掌握，使用时若不能"胸有成竹"，稍有犹豫、停顿，会让蜡液流成一大点。因此点化线条要流畅，才能均匀。

浸染：先将绘制好的布料用温水浸泡，待水滴干后缓缓放入染缸，轻轻翻动，染20～30分钟，将布料捞出，在空气中氧化，再放入缸中染色。如此反复三次。便用清水清洗，晾干后继续染色，浸染一次得浅色，浸染多次得深色。为了达到颜色很深，可以浸染多达十次以上。在同一图案中欲得深浅两色，可在浅蓝色染成后，晾干，在须保留浅蓝色部位再用蜡绘制，这叫"封蜡"，再入染缸染色至深蓝，即得深浅两种蓝色。若染其他色，则在染蓝色前，用彩色染料涂在需要的部位，并用蜡封住彩色部分，再染靛蓝。亦可染成靛蓝去蜡后再上彩色。染红色用茜草、紫草、凤仙花、杨梅汁等，染黄色用栀子、白蜡皮树叶等。

脱蜡：先用清水洗去浮色，然后用沸水煮去蜡质，（脱下的蜡可回收，称为老蜡）漂洗后，就显出了蓝白分明的美丽花纹。

（二）扎染

扎染在我国古代称之为"绞缬""扎缬"，也就是打绞成结而染，它也属于物理防染工艺，但防染的媒体则是用细绳在坯布上扎出一个个细小的结，由于捆扎处被扎紧了，染液进不去，染毕再解去细绳后就留下了一圈圈或一道道美丽的花纹（图3-10～图3-12）。

 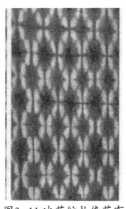 

图3-10 民间扎染花布（刘天勇摄）　图3-11 冰花纹扎染花布　　　图3-12 扎染花布

目前已发现的早期绞缬如图3-13所示，敦煌佛爷庙湾墓与西凉庚子六年（公元405年）朱书陶罐一起出土的蓝色绞缬残片，是借助农作物扎染的几何形花纹，质朴自然，与豪华的锦绣大异其趣，适应了当时返璞归真的社会思潮，一跃而成为名贵的服饰材料。

图3-13 西凉绞缬绢

后来我国唐代时期出现一种把织物折成连皱，用针线钉牢染色的方法，染出大多是斑点组成的网络纹。例如图3-14所示的是吐鲁番阿斯塔那唐代永淳二年（公元683年）墓出土的绞缬菱花纹绢，出土时缝缀的线还没有拆去，可以看出当时扎染的方法。

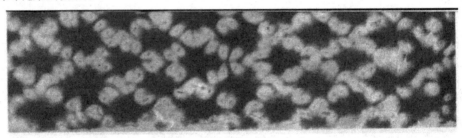

图3-14 唐代菱花纹绞缬绢

唐朝诗人李贺诗有"龟甲屏风醉眼缬"，即形容这种纹样晕色斑驳，使人眼花缭乱。

扎染的原理很简单，但要染出好的效果，经验和技巧很重要。有必要一提的是扎染的方法，扎染的方法千变万化，不同的方法会产生不同的效果，一般来说，扎法可以分为两大类。

一是针扎，即在白布上用针引线扎成拟留的花纹，放入染缸浸染，待干，将线拆去，紧扎的地方不上色，呈现出白色花纹。这种方法能扎比较细腻的图案。针扎还包括扎花和扎线两项工艺，扎花有十余种，其扎法也各有讲究。扎线也有绞扎和包扎等不同方法。绞扎因布的折法和针的绞法不同，能产生线的粗、细、强、弱效果。包扎则在布中央夹一根稻草，入染后能产生灰线条效果。另一种是捆扎，将白布有规则或任意折叠，然后用麻线捆扎，入染后晾干拆线，由于扎有松紧，上色便有深浅，呈现出多变化的冰纹，这种方法适合扎成段的布料（图3-15）。

图3-15 捆扎工艺

扎染花布经常用作妇女、小孩衣料和包袱，也用作头巾、手帕、肚兜以及被面、门帘等。

三、斑斓厚重的编织

有的书中专指用草、藤、竹篾等植物编织，本书的编织概念包括"编"和"织"。编有"编结"（包括编盘扣和编花结），织有"织花"（包括织锦和织花带），都是特指我国民族服饰品制作的织造工艺，通常采用自制的棉线、丝线进行手工编或织。

（一）编结

编结在本书中专指两项传统手工艺：盘扣和花结，二者都是传统民族服饰中常用的一种装饰工艺，并以精巧而意味深长的装饰风格而著称于世，具有典型的中国特色。

1.盘扣

盘扣是中国传统服饰独特的装饰工艺。"扣"，即衣扣，在服装中用于连接衣襟。

中国传统服装的扣用绳或布袢条打结而成，因其方便实用，故在元明之后一改自古以来系带的习惯，成为连结衣襟的主要形式，且扣下的袢条越留越长，用以盘成各种花样，于是又有了"盘扣"一说。中国服饰重意韵、重内涵、重主题、重简约之中的装饰趣味等特征都在盘扣中得到了充分的体现。

盘扣的常用材料有绸缎、布、毛料、铜丝等。盘条有软硬之分。软盘条不夹铜丝，轮廓柔和。硬盘条需在做盘条时夹入铜丝，其在盘花时弯曲自如，立体感强，便于造型。

盘扣主要有对称和不对称两种形式。

对称盘扣：盘花左右两边的图形与每个图形的上下都是对称的，这种盘花形式最为朴实、大方，应用广泛。也可以只是左右两边的图形对称，而每侧图形的上下则不求对称，以达到统一之中有变化、端庄之中见灵巧的效果（图3-16）。

图3-16 对称盘扣

不对称盘扣：盘花左右两边的图形不对称，而以一主一副、一重一轻的形式来表现，主花是重心，副花是陪衬，主花夸张，副花含蓄，主花求其完整，副花求其平衡，纹样变化活泼自由，装饰效果华丽隆重。此种形式的盘扣主要出现在传统中式晚礼服、演出服、旗袍上（图3-17）。

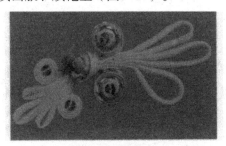

图3-17 不对称盘扣

盘扣的装饰性主要表现在盘花的花型上。花型题材多为仿花草鱼木、字体、图形之类，极富民族风格。众多的盘扣花样，大致可分为三类，即仿形扣、字形扣和图形扣。

仿形扣：盘花仿自然界中动植物的形态。如以花果叶的形、姿为题材的菊花扣、梅花扣、水仙扣、石榴扣、桃子扣、苹果扣、葫芦扣、秋叶扣、叶形扣等。其中菊花扣纹样大小随意，简而不空，繁而不乱，适合于各个年龄层次的妇女服装，应用面极广。石榴扣是子孙繁衍的象征（因石榴多籽），用在婚礼服与已婚妇女的服装上，有祈盼繁育后代、人丁兴旺的寓意。葫芦扣盘法简便、形态圆满、装饰性强但又不显得过于张扬，适用于各年龄段妇女的服装。桃子扣又称寿字扣，在中国民俗中"桃"与"仙寿"有关，象征延年益寿，因而也被经常采用。此外，仿鱼虫飞鸟形的盘扣有金鱼扣、双鱼扣、蝴蝶扣、蜻蜓扣、青蛙扣等，造型逼真、姿态优美，纹样变化多，用途广，不仅装饰效果强，而且亦颇有"口彩"。另外，还有仿龙凤、仿如意之类的仿形扣，注重寓意，形态优美、华丽，是礼服中常用的盘扣（图3-18~图3-22）。

图3-18 菊花形盘扣

图3-19 石榴形盘扣

图3-20 蜻蜓盘扣

图3-21 葫芦形盘扣

图3-22 叶子形盘扣

字形扣：是汉字这一独特的文字符号作为基础图形而做成的盘花扣，一般选择带有祝福、吉祥、祈盼之意的福、禄、寿、喜、吉等文字盘结而成。字形扣的字体变化与图案相融，既美观又大方，是人们在祝寿、贺喜时穿着的礼仪服装上常用的盘扣样式（图3-23、图3-24）。

图3-23 喜字形盘扣

图3-24 寿字形盘扣

图形扣：呈几何图案形式的盘扣，简洁、明快、追求表现形式上的抽象和概括。传统的一字扣作为几何形盘扣的基本造型流传下来，堪称各种盘扣之

"根"，此外，图形扣有三角形、方形、长条形、波折形等，是男女各式服装中常用的装饰盘扣。

盘扣在传统服装中的布局非常注重整体的装饰效果。一字扣在门襟、衣领处等间隔排列，简洁、大方，为最常见的布局。一字扣成双排列，或三粒、四粒密集并列，活泼优美，富于节奏感，常用于斜襟服装。一字扣与花扣的组合排列也很别致，如苏州丝绸博物馆收藏的一件服饰，领扣为一字扣，胸扣则为蝴蝶扣，布局生动活泼。一对花扣，其余则为暗扣，这种布局使造型优美的花扣产生醒目的装饰效果（图3-25、图3-26）。

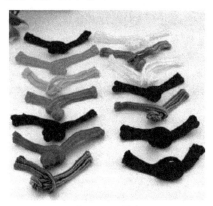

图3-25　一字扣

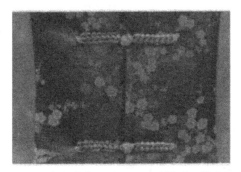

图3-26　一字扣常在门襟处做间隔排列，简洁大方

2.花结

花结是将一定粗细的绳带，结成结，用于衣物的装饰。花结在中国有着悠久的历史。我国传统服饰中的腰饰、佩饰都离不开结。结体现了中国传统装饰创造的智慧与技巧，其花样变化可以说是无穷无尽的。林林总总的花结或结成篮子

盛放什物，或结于物尾垂做缀饰，有些花结则直接作为饰物，如施于衣缘作为边饰，悬于腕下作为腕饰，或系于颈间作为颈饰。其形式的多变，用途的广泛，创意手法的层出不穷，编结智慧的了无止境，都是中华民族生生不息的创造力的生动体现。

花结的传统工艺介绍如下。

编花结的材料单一，只要根据花结不同的造型和用途准备好粗细与质感合适的绳子即可。原料有丝绳、棉绳、尼龙绳等。工具有剪刀、镊子（帮助抽线）、珠针（用于固定）。花结的形式变化多样，但有其基本的编结规律，基本结是花结中最基本的造型单位，结构单一，并且从一个结可连接着编下一个结，直至形成完整的应用结。基本结的制作工艺，也就是常用的花结基础制作工艺有如下几种。

十字结：其中心结构为一个简单的十字，结背面呈十字形，正面呈井字形交叉（图3-27）。

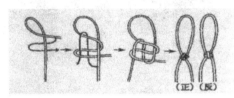

图3-27 十字结

万字结：结中心呈井字形交叉，三个方向各伸出一个线扣。其打法有右起首与左起首两种，结中心的井字形也呈现不同的交叉方向（图3-28）。

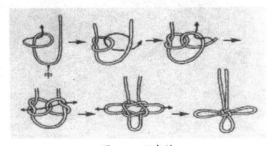

图3-28 万字结

盘长结：四周为三大四小共七只饰环，在盘结过程中，需用珠针固定，等盘结完成后，再除去珠针，并调整定型（图3-29）。

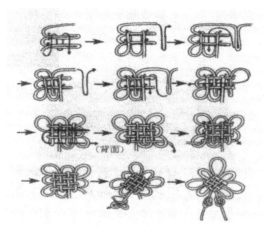

图3-29 盘长结

平结：以一根主绳与另一根中心绳盘绕而成，中心绳可粗可细。此结结构简单、加工方便，也很结实，可用来做腰带、项链等（图3-30）。

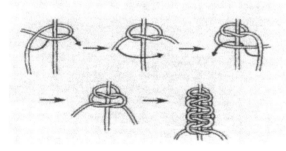

图3-30 平结

梅花结：结中心呈三角形，周围有五个饰环，状如梅花。打结至最后，需将所有饰环和绳端拉紧（图3-31）。

图3-31 梅花结

小草结：结中心呈井字形，上、左、右三个方向各拉出一个饰环，状如小草叶片（图3-32）。

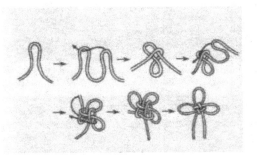

图3-32 小草结

在基本结的基础上，可发展变化出无穷无尽、富于创意的结式来（图3-33）。

图3-33 变化结

（二）织花

织花是一种传统编织工艺，包括织锦和织花带两类。传统的织锦是直接在木质织锦机上用竹片拨数纱线，穿梭编织成纹样，以彩色经纬线的隐露来构成奇妙的图案。操作时，数纱严密，不能出错，织制时间较长，是一门较为复杂高超的民间手工艺。织花带通常在专门的编织机上操作，非常方便，在各少数民族中也很普及。不管是织锦还是织花带，在许多民族的服饰上均可见到，比如黎族姑娘身着的漂亮筒裙就是用她们亲手制作的织锦做成的。侗族妇女身后斑斓古朴的背儿带是侗锦艺术的展现，还有苗族、瑶族女子的腰带、绑腿等，大多直接采用织花带，显得更加美丽动人。

1.织锦

锦，比较官方的解释是以彩丝织成的有花纹的织品。历史上三国时的蜀锦、宋锦、元代的织金锦、明代的云锦等都是各个时期各个地区的有特色的织锦。而在我国许多少数民族地区，把以棉织的花纹布也称"锦"，是取其华丽之意。民族织锦比较有特色的有侗族的侗锦、土家族的土家锦、瑶族的瑶锦、壮族的壮锦、苗族的苗锦、黎族的黎锦、傣族的傣锦等。少数民族的织锦图案和色彩都非常丰富，斑斓厚重的织锦多用于服饰品的装饰，比如头帕、腰带、围腰、背带、绑腿、筒裙等，也有的织锦用于家居装饰，比如床单、被子等。总的来说，织锦既是以实用为先导的生活必需品，又是一种不断完善、更新和发展的艺术创造，具有浓重的感情色彩和个性风格。

2.织花带

织花带是遍及南方诸多少数民族的一项手工艺，织花带的编织机是一个形似圆凳的三脚或四脚木质架，木轮上立两只木桩，木桩之间穿一横条圆木，编带时先将丝线一端系在横条上，另一端则系在纺坠上，纺坠一般以竹条做杆，杆的上端做成勾状，丝线络于内，杆的下端以线拴上石或纺轮。织花带时转换不同的纺坠就可以编出丰富的组带纹样。此外，有的织花带也可以在织布机上进行（图3-34～图3-37）。

图3-34 织花带（一）
（刘天勇摄）

图3-35 织花带（二）
（鲁汉摄）

图3-36 织锦机上织花
带（鲁汉摄）

图3-37 织花带的编织
机（鲁汉摄）

　　织花带艺术在西南众多民族中大同小异，图案纹样丰富华丽，有的一条花带上分段连续纹样，有的是单一纹样重复出现，有的多种纹样并列其中。花带的应用也极广，主要有腰带、背裙带、背儿带、绑腿带等，长可达丈许，短仅尺许（图3-38、图3-39）宽边素色花带宽度有两寸，窄边的有一指宽。织花带分棉织和丝织两种，也有棉丝夹用的。

图3-38 卍字几何纹藏族花带

图3-39 花鸟纹土家族花带

　　织花带是苗家姑娘们必须学会的本领（图3-40）。

图3-40 织花带之（三）（鲁汉摄）

女孩一般从十二三岁开始随母亲学织，苗族姑娘常以花带传情，视为情爱的纽带。贵州凯丽、舟溪一带一年一度的芦笙会上，小伙子们会对姑娘们吹起"讨花带歌"："送根带伙伴！送根带伙伴！你生得美丽，艺赛天仙。你织的花带，会配五色线。像龙须出水，如彩虹天下。不送三庹子，一柞我也愿。得你赐花带，心里蜜糖甜。"姑娘们随即从腰间各自取出花带，系在自己相中的小伙子的芦笙管上。到芦笙会的第四天，鲜花带的姑娘也纷纷向小伙子索取回赠的爱情信物，并唱："你的芦笙调，赛过枝头的知了……悄悄捆上带一条，一条带子两颗心，我心爱的情哥呀，你可别忘掉。"之后一对有情人你来我往，直至结为终生伴侣。此外，花带也是苗家人赠送客友的珍贵礼品。如图3-41所示，苗族的织花带图案丰富多彩，多采用常见的花草鸟蝶图案，每个单元纹形式完整，有的以对称重复形式排列，有的以正反重复形式排列，有的则单纯重复形式排列，装饰性突出。

图3-41 苗族织花带

侗族花带分为素色带（黑白二色棉线花带）和彩色花带（丝线花带）两种。黑白带质朴大方，一般系于腰间。图3-42所示的为素色织花带，以黑色和白色为主，经纬布纹非常清晰，黑色为底，花纹图案用白棉线织成。

图3-42 侗族素色花带（刘天勇摄）

织物古朴大方，风格独具。侗族的彩色花带是由五彩丝线以织花机细织而成，一般用作婚嫁等喜庆场合的装饰品。

仫佬族的花带也非常精美（图3-43），广西罗城地区的仫佬族女子闲暇时便在一起织花带，供自己和家人使用。花带或镶在袖口、裤脚，或缠扎在头顶，或系结在腰背，色彩多为单纯的黑白对比，丰富了服饰整体效果。

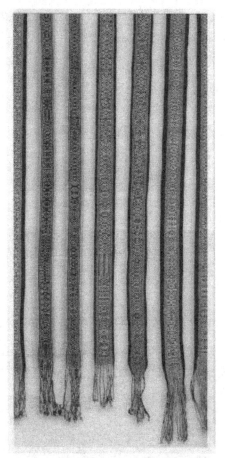

图3-43 仫佬族花带

这种用色单纯但整体效果丰富的织带还有瑶族的织花带，如图3-44所示，织带的色彩以红、黑、白色为主，有的花带镶有少量黄色，由于单元纹样排列有序，并注重主要纹样与次要纹样的安排，所以整体效果是丰富多彩的。

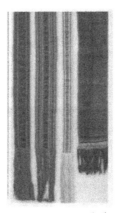

图3-44 瑶族织花带

　　从以上的分类和分析可以看出，民族服饰的美和其工艺技术是分不开的，我们不仅要从审美的角度去看待民族服饰，还要从工艺技术文化的角度去分析民族服饰，这样我们才会全面而立体地读懂她，也能更轻松地抓取其设计元素，从而为现代服装设计所运用。

第四章　民族风格服饰的设计与创新

第一节　民族服饰元素的借鉴

历史在发展，"越是民族的就越是国际的"这个论断也在不断发展。我们对民族风格的时尚设计的认识不应是对襟、立领、盘扣、刺绣、印染、编织、绸缎等元素的堆砌，民族元素的再现只是外化的具象的"形"，真正需要抓住的是民族文化抽象的"神"，这是一个打破和再创造的过程，打破民族服饰中不适应现代生活的样式和服装结构，突破我们对民族服饰的具象认识，抽离出民族元素的本质精神，将民族元素符号进行再创造，是民族服饰元素借鉴的一种方式，最终目的是设计出既有时尚感又有文化底蕴的现代服装。

一、造型结构的借鉴

造型结构是服装存在的条件之一。服饰的造型又分为整体造型和局部造型。整体造型即服装的外形结构，也是服装外轮廓线形成的形体（简称廓形），它是最先进入人视觉的因素之一，常被作为描述一个时代服装潮流的主要因素，因为服装的廓形是服装款式变化的关键，对服装的外观美起到至关重要的作用。局部造型即指服装的领、袖、襟线、口袋、腰带、裤腿、裙摆褶裥等部位细节的变化。我国民族服饰不论是整体造型还是局部造型，都十分丰富，但均有规律可循，就是绝大多数民族服饰的造型属于平面结构，平面结构服装的裁剪线简单，大多呈直线状，其表现效果是平直方正的外形，主要依靠改变服装款式的长短、宽窄、组合方式、穿着层次来进行造型。从形式感的角度来分析，值得借鉴的有对称与均衡、变化与统一、比例与尺度、夸张与变形、重复与节奏等方式。

（一）对称与均衡

对称与均衡源于大自然的和谐属性，也与人心理、生理及视觉感受相一致，通常被称为美的造型原理和手段用于具体的服装设计。

对称的形式历来被当作一种大自然的造化类型而遍布于大大小小的物象形

态之中，这些物象形态包括树的枝叶排置、花的分布分瓣、自然界各种动物的形态构造，以及人的四肢、五官、骨骼的结构设置等，都显露出对应完美的对称态势。大自然中这些对称形式适应各自环境下的生存需要，体现出整个宇宙间普遍存在的一种规律。严格来讲，对称是一定的"量"与"形"的等同和相当，任何物体形象中的"物理量"和"视觉量"的分配额，以及其"内在结构"和"外在形态"的分布，所涉及的重量、数量、面积的多少，即决定了对称的程度。因此有绝对对称和相对对称之分。

绝对对称在服装上具有明显的结构特征，是以一条中轴线（或门襟线）为依据，使服装的左右两侧呈现"形量等同"的视觉观感。具有端庄、稳定的外形，视觉上有协调、整齐、庄重、完美的美感，也符合人们通常的视觉习惯。均衡也可以称为相对对称，但它不是表象的对称，它更多体现在视觉心理的感受方面，是一种富于变化的平衡与和谐。表现在服装上同样是以中轴线（或门襟线）为准，通过服装左右两侧的不同布局达到视觉的平衡，追求的是自由、活泼、变化的效果。

在各民族服饰中，对称与均衡的造型结构形式随处可见，前者端庄静穆，有统一感和格律感，后者生动灵活，有动感。在设计中要注意把对称与均衡形式有机地结合起来并灵活运用。

（二）变化与统一

变化与统一又称多样统一。世间万物本来就是丰富多彩和富有变化的统一体。在服装中，变化是寻找各部分之间的差异、区别，有生动活泼和动感。统一是寻求各部分之间的内在联系、共同点或共有特征，给人以整齐感和秩序感。在服装设计中，局部造型和形式要素的多样化，可以极大地丰富服装的视觉效果，但这些变化又必须达到高度统一，使其统一于一个主题、一种风格，这样才能形成既丰富，又有规律，从整体到局部都形成多样统一的效果。如果没有变化，则单调乏味和缺少生命力；没有统一，则会显得杂乱无章，缺乏和谐与秩序。

民族服饰中服装、围腰、头饰、包袋、鞋、绑腿的运用通常都有着统一的款式和风格，统一的色彩关系，统一的面料组合，但各部分又呈现出丰富的变化和差异，这种在统一中求变化，在变化中求统一的方式是服装中不可缺少的形式美法则，使服装的各个组成部分形成既有区别又有内在联系的变化的统一体。

现代服装设计中可以借鉴这种方式，在统一中加入部分变化，或者把每一个有变化的部分组合在一起，寻找秩序，达到统一。

（三）比例与尺度

服装的造型结构通常包含着一种内在的抽象关系，就是比例与尺度。比例是服装整体与局部及局部与局部之间的关系，人们在长期的生产实践和生活活动中一直运用着比例关系，并以人体自身的尺度为准，根据理想的审美效果总结出各种尺度标准。从美学意义上讲，尺度就是标准和规范，其中包含体现事物本质特征和美的规律。也就是说，服装的比例要有一个适当的标准，就是符合美的规律和尺度。早在两千多年前的古希腊，数学家毕达哥拉斯就发现了至今为止全世界公认的黄金比例，并作为美的规范，曾先后用于许多著名的建筑和雕塑中，也为后来的服装设计提供了有益的参照。

和谐的比例能使人产生愉悦的感觉，它是所有事物形成美感的基础。在很多民族服饰上多有体现，他们一般是根据和谐适当的比例尺度，将服装诸如上衣、下裳（裤）、袍衫等的长短、宽窄、大小、粗细、厚薄等因素，组成美观适宜的比例关系。如傣族、彝族、朝鲜族妇女的衣裙的比例关系很明显：上衣一般都比较窄小，裙子则较长，这种比例尺度，使她们的身材显得修长和柔美。我们可以借鉴这种方式，将其适当地运用在现代服装设计上，可以获得丰富的款式变化和良好效果。

（四）夸张与变形

夸张多用于文学和漫画的创作中，主要是扩大想象力，增强事物本身的特征。它是一种化平淡为神奇的设计手法，可以强化服装的视觉效果，强占人的视域。夸张不仅是把事物的状态和特征放大（也包括缩小），从而造成视觉上的强化和弱化。在民族服饰中，造型上的夸张很常见，通常还结合可变形的手法。如苗族有的支系头饰造型十分夸张，贵州西江、丹江地区的苗族头上戴的银角高约80厘米，远远望去仿佛顶着银色的大牛角，有着摄人心魄的魅力。又如纳西族妇女身上的"七星披肩"、藏族喇嘛帽、广西瑶族夸张的大盘头、贵州施洞地区苗族女子的银花衣、云南新平地区花腰傣的超短上衣和造型夸张奇特的裙子等，这些少数民族非常善于采用夸张与变形的手段来塑造服饰的形象，突出其民族特点，也由此形成丰富多样的造型。

现代服装设计借鉴夸张与变形的方式，能获得更多新的视觉冲击。如图4-1所示的模特前胸直至下摆处夸张的造型打破了人一贯的思维，给简单平淡的服饰增添了无限意趣。

图4-1 夸张与变形手法的借鉴

（五）重复与节奏

重复在服装上表现为同一视觉要素（相似或相近的形）连续反复排列，它的特征是形象有连续性和统一性。节奏原意是指音乐中交替出现的有规律的强弱、长短现象，是通过有序、有节、有度的变化形成的一种有条理的美。在服装造型中重复性为节奏准备了条件。

民族服装中重复与节奏的表现也很多，这是民族服饰变化生动的具体表现方法之一，如连续的纹样装饰在服装上的重复排列，形成了强烈的节奏感。装饰物的造型在服装上左右、高低的重复表现也是节奏感产生的重要手段。借鉴这种手段，可以让单一的形式产生有规律、有序的变化，给视觉带来美感享受。

二、色彩图案的借鉴

民族服饰色彩图案作为一种设计元素，绚烂而多彩，可以说是一个有着极其丰富资源的宝库，也是被设计师们借鉴得最多的因素。总体来说，民族服饰中的色彩大多古朴鲜艳、浓烈、用色大胆、搭配巧妙；图案更是形式多样，异彩纷呈。对民族服饰色彩图案的借鉴，主要有两种方法。

（一）直接运用法

这是在理解民族服饰色彩图案的基础上的一种借鉴方法。即直接运用原始素材，将色彩图案的完整构成形式或局部形式直接用于现代服装设计中。这种借鉴方法方便实用，但要注意把握三方面。首先，在运用之前要仔细解读该图案在原民族服饰上的文化内涵及色彩的象征意义，尽量做到与现代时尚感的和谐统一。其次，直接运用的图案要考虑在服装上的位置安放，因为有的民族图案适合做边饰，有的适合安放在中心位置，有的适合做点缀，总之一定要找准该图案在现代服装上最适合的位置。最后，直接运用某一民族图案的时候，要根据服装的整体色彩再调整该图案的色彩，很可能有的图案适合目前设计的款式，但原色彩过于浓艳与强烈，或过于沉稳与暗淡，不适合该款式或潮流，这时候就需要保留图案形式而改变色彩关系。

这三方面特别是对于初学者来说是必不可少的，它有利于深化对图案的认识和理解。

在NE．TIGER 2008年高级华服系列发布会上，设计师张志峰的礼服设计作品中，大面积借鉴了民族传统服饰的色彩和图案，服装面料的色彩艳丽浓烈，再运用民族传统刺绣图案做点缀，给人以强烈的视觉冲击力。如图4-2所示，红色的礼服裙有着很强的引力，将视觉吸引并集中的是模特前胸处的小面积刺绣图案，图案完整，正好适合安放在前胸的中心位置，并保留了原有的传统色彩。

图4-2 张志峰礼服设计　图4-3 张志峰礼服设计　图4-4 张志峰礼服设计　图4-5 张志峰礼服设计
（一）　　　　　　　（二）　　　　　　　（三）　　　　　　　（四）

图4-2服装面料的色彩艳丽浓烈，再运用民族传统刺绣图案做点缀，给人以强烈的视觉冲击力。

图4-3和图4-4所示同样是这个系列的服装，设计师均巧妙地在结构款式时尚的礼服裙上融合了传统元素，充分地演绎出二者的和谐统一关系。

图4-5，模特的前胸处装饰是一顶苗族银帽，苗族的银帽图案精致繁复，装饰性很强，设计师大胆地"移植"在服装上做装饰点缀，可以说是创造性地而又"直接"运用了民族元素。

（二）间接运用法

间接运用是在吸取民族服饰文化内涵的基础上，抓取其"神"，是一种对民族文化神韵的引申运用。也就是在原始的色彩图案符号中去寻找适合现代时尚美的新的形式和艺术语言。如以借鉴图案符号为主，对民族图案所形成的独特语言加以运用，可以做局部简化或夸张处理，也可以打散、分解再重构，产生与原始素材有区别又有联系的作品。如以色彩借鉴为主，即对民族图案所具有强烈的个性色彩借鉴用于现代设计中，设计中的其他方面，如构成、纹样、表现形式又以创作为主，产生既有现代感又有民族味道的设计作品。

我国著名设计师梁子的"天意"时装中，就大量借鉴了民族色彩和图案元素。图4-6中模特身穿的贴身吊带衣，黑色面料上有银白色的传统图案，图案没有民族服饰中那般绚丽丰富，也没有民族服饰上那般完整表现。仅仅用单纯的银白色在黑色面料上无规律地展现，简洁而时尚，巧妙地抓取了民族文化的神韵。

图4-6　"天意"时装上民族图案的借鉴

三、工艺技法的借鉴

民族服饰的工艺技法也可以作为一种设计元素运用在现代服装设计中。民族服饰工艺技法的借鉴可分为以下两方面：一方面是面料制作工艺技法的借鉴；另一方面是服饰装饰工艺技法的借鉴。

（一）面料制作工艺技法的借鉴

民族服饰的服装面料基本都是当地人们全手工制作完成的，是为适应该地的生产和生活方式而产生的，典型的有哈尼族、基诺族、苗族等许多少数民族的土布；羌族、土家族、畲族的麻布；侗族、苗族的亮布；白族、布依族的扎染面料；藏族的毛织面料；鄂伦春族、赫哲族的皮质面料等。这些都是与其民族周围环境相协调，与生产劳动相适应的面料，具有民族的独特乡土气息和朴素和谐的外观，也有其独特的制作工艺。

通常一匹传统民族手工布料的完成要经过播种、耕耘、拣棉、夹籽、轧花、弹花、纺纱、织布、染布、整理等过程，这种传统工艺在我们今天看来，制作工序复杂、生产效率低，但由于原料和染色工艺都具有无可比拟的优点而受到人们的重视。因为民间几乎所有的染色原料都来自不同种类的植物和动物材料，当地民族遵循着几千年来基本相同的方法，用各种植物和树木的根、茎、树皮、叶子、浆果和花等来上色，所以它们的原料是可以再生的，不会对人体有害，有时候还利于人体健康。另外，染色工艺的化学反应温和单纯，与大自然相协调，和环境具有较好的相容性。因此，在当前呼吁环保、重视生态平衡的时代，民族服饰面料工艺技法是非常值得借鉴的。

对于传统面料工艺技法的借鉴有两种方法，一是完全按照传统工艺技法进行制作。另一种方法是在传统工艺技法的基础上进行改进。尽管民族传统面料具有保暖、干爽、透气、抗菌、无污染等健康环保的优点，但也有着一些与现代生活不协调的缺点，因为民族服饰的面料工艺制作毕竟是一项家庭作坊式的手工劳动，天然染料会因为季节、产地、染色等诸多因素的限制和影响而染出色彩差异的织品，使面料呈现出不均匀的外观，会因此而降低生产效率和生产质量。所以，为适应现代服装设计的需求，必须在此基础上考虑改良，使新面料既保持原有的天然外观和物理优势，又能提高面料质量和生产效率。

目前服装设计界对传统面料工艺的借鉴的成功案例首推香云纱，香云纱是我国广东佛山地区的一种传统纱绸面料，也叫"莨绸"，相传明朝时期就在顺德、南海一带开始生产"莨绸"。其制作工艺非常独特，需要在特殊的时间段太阳光的照射下，将含有单宁质的薯莨液汁和当地淤泥涂封在桑蚕丝上面，才能让面料呈现出一面呈蓝黑色，另一面呈棕红色的效果。香云纱在20世纪四五十年代曾是广东、港澳一带的时髦时装衣料，目前也只有很少几个厂家保存着这一传统工艺。我国著名时装设计师梁子在这种传统工艺的基础上进行了改良，结合现代生活的时尚需求，经过现代化的手段加工处理，设计开发出新的"莨绸"，结束了莨绸五百多年来一直只有黑、棕红色两种颜色的历史，她将新的莨绸运用于现代时装设计获得了巨大成功，为服装界开辟了一个新的里程。

（二）服饰装饰工艺技法的借鉴

民族服饰的装饰工艺多种多样，有缝、绗、绣、抽、钩、剪、贴、缠、拼、扎、包、串、钉、裹、黏合、编等几十种技法。这些装饰工艺都是全手工完成，在各民族服饰上运用非常广泛，有的是在实用的基础上进行装饰，有的就纯粹是为了装饰，体现出一种独特的民族审美情趣。

不管这些装饰工艺技法如何丰富，但不同的民族在掌握同一技法上有粗犷与精细、繁复与简洁之分，在掌握不同技法上也各有所长。有的民族是多种技法综合运用。不同的装饰工艺技法可以表现出不同的装饰效果，就是同样的装饰工艺技法也可以表现出不同的装饰效果。如同样是"平绣"装饰工艺，黔东南施洞苗族人就运用极细的并破成几缕的丝线来表现，四川汶川的羌族人就运用较粗的腈纶线来表现，所以前者风格细腻精致，后者风格粗犷大气。再如同样是用"缠"的装饰技法，在具体运用时，缠的方向、方式方法的不同会形成不同的装饰效果。还有同样的"缝""绗"，针距的长短、线迹的方向、多少也会呈现不同的装饰效果……我们学习借鉴这些工艺技法，就要在熟练掌握各装饰工艺的技法特点和表现手段的基础上，突破具体的工艺表象，抽离出其本质精神，运用现代、时尚的语言表达出来。例如，借鉴许多少数民族喜爱的"缠"的工艺技法的时候，要知道各民族缠的方式方法各有不同，我们不能机械地去照搬某一民族的技法，而是要找出"缠"的规律，提取"缠"这种民族装饰工艺所表现出来的精神本质，这种本质即民族的意境内涵，是真正打动人的东西，也是借鉴的最高境界。

如2009年11月，中国设计师梁子在充分理解和吸纳羌族刺绣的基础上，将羌绣工艺技法融入现代时装设计，成功举办了一场名为"羌绣良缘"的时装发布会。

这是民族服饰装饰工艺技法的成功借鉴，梁子为了使羌绣技法更加"原汁原味"，她还请来几位四川羌族妇女亲自在她的设计作品上进行手工绣制，将羌绣工艺技法在现代时尚圈内演绎得美轮美奂、淋漓尽致，备受时尚界好评。

综上所述，民族服饰为现代服装设计提供了诸多的设计元素，只要每个有心的设计者创造性地运用传统民族服饰里的设计要素，使服装设计不流于表面而深入民族文化与民族风格的精髓，就能衍生成独特的现代服装设计。

第二节　民族风格服饰的设计过程

对于民族风格服装设计来说，资料的准备和收集当然不仅限于民族服饰范畴，青花瓷、古代陶器、青铜器、传统建筑、书法、水墨画、瓦当、剪纸、皮影等都可作为灵感来源。资料的收集和分析方法都是一样的，此处以民族服饰为代表来分析讲解。

一、资料收集

（一）民族服饰考察

设计资料的收集与分析离不开实地采风，采风之前必须对我国少数民族分布有一个全面的了解，确定考察的地点，没有外出考察条件的可以通过文字资料、图片、影像资料来学习。当然无论是否外出考察，都必须对该民族做相关的文字资料查询准备，这是从宏观上对一个民族的理性认识：了解该民族的人口分布情况，主要聚居地，历史沿革，居住环境，宗教信仰，风俗人情，以及该民族和其他民族的联系和差别，比如与羌族有着族源关系的民族就有十四个之多。实地考察的地点通常要选择最有特色、最典型的地区，最好参加当地的民族节庆活动，因为节庆期间可以收集到丰富的民族盛装资料，以及感受到民族服饰存在的环境和价值。

实地采风期间，资料收集的方式离不开影像记录，随身带着相机或录像机能在最短的时间记录下珍贵的瞬间，收集资料又快又多；此外还可以当场采用速写或绘线描图的方式记录，可以用笔记录下当时的信息、感受或测绘数据，以便将来使用。通过实地采风，可以让人得到丰富的感性认识。

民族服饰考察的内容不能只停留在服饰的款式和图案上，要深入地去分析考察，如要考察一个民族的服饰情况，要了解这个民族有哪几种服饰，每种服饰有何不同；该服饰的着装过程和步骤（包括头发的处理和装扮）；服饰材料和工艺情况（主要材料是什么？材料从哪儿来？预先做了哪些加工处理？服饰制作的工艺流程等）；服装每部分的尺寸和比例关系（有必要带着软尺丈量，用笔记录）；服装上的图案名称、形状、寓意和装饰的部位（尽可能拍摄纹样单位完整的图片或手绘）；该服饰目前的样子与10年或20年之前相比，在造型、装饰和工艺上是否有变化？变化在哪些地方？该服饰传承的方式和意义，以及相关习俗和传说（如某些民族要举行成人换装，服饰的改变有其历史渊源和传说）；有必要的话，还可以亲自穿戴民族服装，对进入下一阶段的研究会大有帮助。

（二）民族服饰元素采集与归类

考察一种民族服饰，除了了解其历史沿革、风俗习惯、居住分布特点外，其服装款式、服饰色彩、服装结构、服饰图案及材料、工艺更是考察的重点，要求各种数据细致而真实，比如考察其服饰图案，要找到最有代表性、有特点的图案，理解其纹样构成特征、纹样特色、色彩规律、文化内涵，除了拍摄记录，还有必要以点带面进行临摹。对学设计的人来说，临摹看似很简单，其实临摹的过程也是学习的一种方式，临摹可以提高人的理解认识，学会如何欣赏比较。以上这些方式都可以称之为民族服饰元素采集。

然后将采集的资料进行归类整理，是为以后查阅、分析研究做的准备工作。通过对民族服饰元素采集与归类，可以体会到民族服饰的个性及魅力所在，提高对民族服饰理性与感性的结合认识，为日后的设计创作打下良好基础（图4-7～图4-17）。

 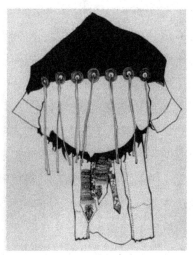

图4-7 纳西族服饰正前方着装效果手绘稿　　　图4-8 纳西族服饰后背着装效果手绘稿
（绘图：李霞）　　　　　　　　　　　　（绘图：李霞）

图4-9 贵州安顺苗族盛装服饰平面展开手绘图（绘图：刘晓慧）

图4-10 贵州革家蜡染图案手绘　图4-11 四川彝族服饰平面展开　图4-12 蒙古族盛装服饰着装效
　稿（绘图：刘晓慧）　　　　手绘稿（绘图：刘天勇）　　　果手绘稿（绘图：刘晓慧）

图4-13 四川彝族服饰平面展开手绘稿（绘图：刘天勇）

图4-14 藏族服饰与配饰手绘稿（绘图：李霞）

1—藏族羊皮袍 2—藏族镶蜜蜡"热周"头饰上部分 3—藏族牛皮鞋子

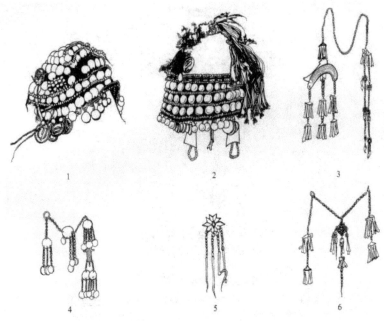

图4-15哈尼族服饰与配饰手绘稿（根据采风照片绘制）

1，2—哈尼族姑娘帽 3，4，5，6—哈尼族胸饰

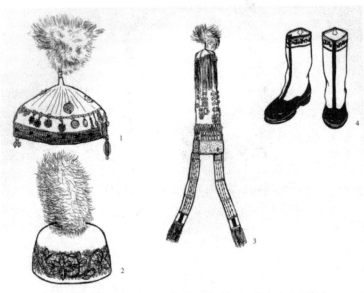

图4-16哈萨克族服饰与配饰手绘稿（根据采风照片绘制）

1，2—哈萨克族女帽 3—哈萨克族新娘的帽子 4—哈萨克族男靴

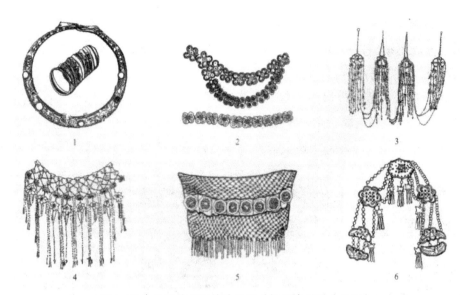

图4-17 傣族服饰与配饰手绘稿（根据采风照片绘制）

1—傣族银项圈和银护腕 2—傣族银腰带 3—傣族银挂饰 4，5—傣族银披肩 6—傣族银挂链

二、设计定位

什么是"时装"呢？法语中的"时装"一词来源于拉丁语中的modws（意为举止、衡量），而英语中的"时装"是法语单词facon（意为举止、方法）的一种变体。也就是一套包括外表、风格和潮流在内的完整体系，一套用于（自我）展示你是怎样一个人的装备。

当今的时装业极为普遍。绝大多数城市都有时装和服饰的设计和生产，科技的发达、纺织业的繁荣都促进了时装业的革命性的发展，世界各地也都在努力培养时装设计师，以便迎合时装业不同项目、不同的预算开支等。

（一）高级时装

高级时装（haute couture）——高级裁缝业，是为上流社会和富有阶层的人群，定制测量、手工缝制、量体定做的价格昂贵，代表服装市场的顶级服装产品。

"高级时装之父"英国人查尔斯·弗雷德里克·沃斯（Charles Frederick Worth）于1858年开设了世界上第一家以上流的达官贵人为对象的沙龙式高级女装店，成为巴黎高级女装店的奠基人。1868年又建立了高级时装联合会——巴黎高级时装协会。主要防止服装设计作品被抄袭，确保服装的品质、行业的规范的高标准要求。巴黎高级时装协会的成员必须严格遵守这些法令。任何加入协会的新时装品牌必须受到严格的审查、批准，才能冠以"高级时装"的商标。如今这些世界著名的服装品牌有：Versace、Dior、Givenchy、Chanel、Lanvin等。

由于高级时装的价格令人望而却步，使其存在的价值颇具争议。目前高级时装已经让位于高级成衣业，成为高级成衣、香水、服饰品和化妆品宣传促销的手段了，尽管如此，人们仍然会被梦幻般的高级时装作品所折服和深深地吸引（图4-18~图4-21）。

| 图4-18 VOGUE 2015年二月号（一） | 图4-19 VOGUE 2015年二月号（二） | 图4-20 VOGUE 2015年二月号（三） | 图4-21 VOGUE 2015年二月号（四） |

（二）高级成衣

高级成衣（style风格成衣）指已经形成了的时代式样。与高级时装最根本的区别在于：高级成衣的生产是按照纯粹的商业目的、工业设计的原则，不必针对具体的顾客量体裁衣。消费者可以直接根据需求选择适合自己风格的尺寸不同、花色各异的服装。

在服装业中，高级成衣一般被认为具有很强的时尚性，制作工艺精良，有风格，表达一定的设计理念，品质上乘（图4-22、图4-23）。

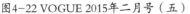

图4-22 VOGUE 2015年二月号（五）　　　图4-23 VOGUE 2015年二月号（六）

最具代表的设计师有卡尔文·克莱因、缪西亚·普拉达、川久保龄等。高级成衣品牌不像高级时装品牌那样，设计公司必须位于巴黎，并且每年两次的时装周，他们可以自由选择时装发布会的地点。

三、构思设计

构思是设计的最初阶段，是在寻找设计灵感、寻找素材的过程完成后即刻进入的部分。构思是围绕款式、色彩、面料三要素进行的多方位思考，是非常感性的，开始可能是纷杂的、无序的、非常模糊的，随着构思的深入，思路慢慢变得清晰，进而对穿着效果和成本有了理性的思考。

（一）草图构思与方案确立

在构思过程中，产生的灵感要马上记录下来，可以是草图甚至涂鸦的形式，因为许多灵感只是在脑海中闪现，会瞬间消失。事实上，草图要经过几遍甚至几十遍的筛选，因为最初记录的草图是凌乱的，不完整的，经过比较、选择后才能得到完整的设计。如此经过多次修改后，才能得到较为成熟的构思设计草图。

（二）材料的选择与运用

材料的选择是决定设计成败的关键，因为材料是设计构思的最终载体，其软硬、悬垂等质感因素会影响服装廓形的塑造，其色彩、图案、厚薄等外观因素会影响作品艺术性的表达，而材料的透气、保暖等性能因素将关系到服装的舒适度、可穿性，从而影响服装的实用性和市场营销。例如，硬挺面料便于服装廓形的塑造，丝绸、纱料则容易表现飘逸观感。此外，现代科技发展对服装行业有着极深的影响，对于服装本身而言，主要表现在对天然材料性能的优化和改造，人造服装材料的开发运用以及染色处理上，要使艺术与技术前所未有地结合在一起，如采用新兴的数码印染技术，表现层次丰富、形象逼真的色彩图案。

四、设计方案

设计方案主要包括彩色服装效果图、构思设计说明、黑白平面服装正背面款式图、所需面料小样、细节展示和工艺说明几方面的内容，是设计构思的最终演绎和完美表达。

（一）绘制效果图

从最初灵感闪现的捕捉、想象到设计构思的逐渐成熟，服装效果图是对整个过程最终结果的记录、表达，同时也是对穿着者着装后预想效果的表现。为此，服装效果图在表现包括服装的式样、结构、面料质地、色彩等最基本因素的基础上，还应当根据所设计服装的风格表现出穿着者的个性和着装后的艺术效果。关于人体比例，由于效果图表现的是一种经过艺术处理后的氛围，所以可以采取写实和夸张两种方法，即普通的七头身比例或者夸张的八头身以上的比例。

效果图的表现方法很多，大致有手绘、计算机绘画两种方式。两种方式首先都要基于精练而概括的线描，线描的基本要求是能够准确表现服装的款式造型和必要的内部结构，进一步要求为能够生动地表现衣纹、衣褶的变化，若能根据不同服装表现不同的线条风格更佳。手绘的设色可以采用水粉颜料、水彩颜料、色彩铅笔、麦克笔等。计算机绘画一般采用Photoshop、Illustrator等软件。无论是手绘还是计算机绘画，其设色的主要目的是表现服装材料的色彩和质感，其手法主要有平涂法、省略法、晕染法等。绘制的效果图，服装款式、细节表达要清晰、完美，服装材料的色彩质地表达要准确，以便于制版师了解设计意图，从而准确制版。

（二）绘制款式图

服装款式图是服装的平面展示图，对效果图中模糊的部位能够清晰表现，是对效果图的必要补充，用于制版和指导生产。与服装效果图不同，款式图重点表现款式的外观和细节工艺处理，对生产的指导意义比较强。因此，款式图不绘制人体，只绘制单件服装的正面和背面图，以工整的线描绘制服装的外轮廓、内部构造、细节、零部件等，目的是便于制版师清楚地了解样式，以便打版、制作的顺利进行。

款式图的线条要流畅整洁，各部位比例形态要符合服装的尺寸规格，绘制规范，不上色彩，不表现面料质地，不画阴影、衣纹，没有渲染艺术效果。由于款式图是用于制版和指导生产，所以，除绘制服装款式外，还需要附加设计说明。不同的服装设计对设计说明的要求各异，多用文字表达，叙述设计者对主题的理解、灵感来源、设计理念、对设计意图的具体说明，工艺要点等，包括必要的工艺说明、对版型宽松度的描述，贴面料和辅料小样，标注色号，对配件的选用要求以及装饰方面的具体问题等，最好能提供基本打版尺寸，或者是对适用对象的必要描述，如年龄、使用场合、穿着时间等。这种方式多用于服装比赛设计说明或单件服装设计说明，而针对品牌的宣传，需要以图文并茂的方式表达品牌的设计理念、设计风格等。

第三节　民族风格服饰的创意设计

一、创意设计的概念和特征

在汉语中，"创意"一词有多种含义，有时，它偏重于指代"意念""想法"，有时则表示创造意念、执行意念以及执行意念的全过程。广义的"创意"，是指前所未有的创造性意念；狭义的"创意"是指具体设计作品中完成的形象化了的主题意念。创意具有新奇、惊人、震撼、实效四个特点。"设计"是把一种计划、规划、设想通过视觉的形式传达出来的活动过程。

服装设计就是通过方案表现、传达作者的创意构思，这种传达方式往往以服装效果图、服装款式图、版型制图和立体裁剪等形式完成。服装设计也属于产品设计范畴，作为整个产品创造的设计过程，可被分成"分析、创造、实施"三个阶段。具体来说，它包括设计决策阶段，构思创意阶段，设计阶段（款式、结构、色彩、工艺等设计），选择材料、制作样品等阶段。

可见，"创意"与"设计"的关系密不可分，没有创意的设计很难将之称为设计，而没经过设计处理的创意只能存在于头脑之中。可以说，创意设计的过程是浑然一体的，就设计者来说是非常感性的。有了好的创意，便需要借助设计者的理性创造，将意念明朗化、具体化，这就是创意设计。

运用民族服饰要素进行创意设计有两个基本特征：一是创造艺术特征；二是创造商业特征。前者主要表现在对创意服装的设计上；后者表现在对各类实用服饰的设计上，而创造价值是我们最终目的。

民族风格服装的创意设计所关注的是创意的独特性和形式的独创性（独特的造型、独特的材料运用、独特的技术手段等），其重要的特征是不可重复性。创意设计的基本特性是纯艺术的、非功能化的、标新立异的、实验性的，体现了设计师的设计水平。企业推出艺术服装的潜在商业价值在于展示公司实力，强化品牌印象，引导潮流。

实用性的服装则大大区别于创意服装，它的艺术价值是从属于商业价值的，受时尚、市场、经济水平、价值规律等的制约。所以，功能化、时尚化、市场化是其设计的出发点，其目的在于满足市场需求，创造利润。

二、民族风格服饰的创意设计

我国是一个多民族国家，各民族呈大杂居、小聚居态势分布于全国各地。由于各个地区的风俗和地理位置不同，各民族的服装也就呈现出各种不同的风貌和多样性特征。这种多样性特征主要表现在：多样性的款式和造型，形成了各民族独特的穿衣风格和对美的不同追求方式。

（一）借鉴民族服饰文化的表现

对于民族服饰的借鉴，绝不是对该民族传统的造型、色彩、式样表面形式上的模仿，而首先应在对该民族服饰文化精神、文化心理、审美趣味、习俗等浸润和深入的发掘中，进行一种文化精神、艺术精神的体现、升华与创造。只有浸润在民族文化中，去感受、体验、把握民族文化的神韵，才能创造出有意味的，包含着特定民族生活内容、民族情感和民族文化神韵的服饰。

作为一个中国人，民族服饰文化的深厚遗产必然产生连我们自己也无法预测的深远影响。作为一位中国的服装设计师，不论是否提倡"民族化"，你的作品多少都会带上点"民族味"，这一点是我们无论如何都必须承认的事情。

我国的香港和台湾地区的一些著名设计师，如马伟明、邓达智、刘家强、郑兆良、张天爱、傅子菁、温庆珠、叶珈伶、吕芳智等，早年大都在西方学习过，他们在工作多年后却又纷纷回来探寻自己民族的根，以增强自身底气。而随着探索的深入，他们发现，老祖宗留下来的文化遗产是丰富异常的。

作为一个地大物博、历史悠久的东方古国，中国的民族服饰具有极其深厚的文化底蕴和极其广阔的再创造空间，是设计师们取之不尽、用之不竭的创意源泉。在国外的设计大师纷纷向中国文化取经的同时，中国的设计师更应该去发扬本民族的文化精髓，把真正的中国文化带向世界。甚至可以这样说，这是我们中国设计师的责任与义务，同时也正是我们设计生命的源泉所在。举一个例子，日本设计师的设计能够为世界所接受，除了其独具匠心的创作以外，其设计中传统元素的魅力更让人不能忘怀，和服的传统造型、精致的刺绣以及包裹造型中蕴含的浓烈的东方风情，在征服了服装界的同时，也征服了世界人民。我国的服装设计师一直在努力走向世界，但是，走向世界绝不是要摒弃自己的东西，而应该将传统元素与现代元素完美结合，如此才能在国际的设计舞台占领一席之地。

（二）借鉴民族服饰造型的表现

民族服饰造型艺术既凝聚着本民族人民喜闻乐见的艺术形式，又蕴藏着丰富的创作经验和技巧。只有熟悉并掌握民族服饰造型的创作经验和技巧，才能创造出既具时代感又有民族神韵的时装作品。在借鉴和汲取民族服饰造型的过程中，要抓住部分典型特征，并结合时代流行趋势，而不可全盘照搬。例如，借鉴贵州歪梳苗铠甲服装造型的设计作品，设计师借鉴了不对称式的造型结构设计，将传统的民族服饰造型艺术与现代设计思想、设计法则相糅合，而非单纯模仿民族服饰外观的东西或装饰上的单纯复古，更不是直接的照搬。

（三）借鉴民族服饰色彩的表现

色彩作为少数民族服饰文化的一种表现方式，具有特殊的地位。历史背景、地域条件、人文气息、风俗习惯和文化传统等因素的不同，使得每个民族都有其独一无二的民族风格，而色彩作为一种视觉传达途径，最为直观地表达了各民族独特的民族风格。

分析民族服饰的配色规律，积累前人的配色经验，理解、感悟民族服饰深厚、博大、凝重的色彩文化，并将之巧妙地运用到现代时装设计之中，是研究民族服饰色彩的意义所在。

民族服饰的吸引人之处有很大一部分在于其颜色。除了本民族的宗教信仰、图腾崇拜所形成的习俗之外，少数民族传统服饰在用色上基本没有什么禁忌。许多少数民族的传统服饰在用色上都非常大胆，明亮、艳丽和浓烈，甚至是多个或多组高纯度的组合，这样的组合反而给观者独特的视觉冲击力，形成一种别具韵味的美。

云南河口地区的瑶族人喜欢戴红色的头饰，因而被称为"红头瑶"。云南武定地区的彝族妇女和儿童为了辟邪，多在头上和脚上装饰红色的饰物，男子也在民族传统节日中佩戴红色饰物，热烈而又鲜艳。

哈尼族是一个崇尚黑色的民族，男女老幼都穿着黑色衣服，显得非常庄重。此外，苗族人的衣服也以黑色或深蓝色为基调，他们认为黑色易于和其他鲜艳的颜色搭配，因此就是新买回的面料也要用本民族的传统手法将其染黑，由此可见黑色在他们心目中的重要地位。

景颇族的筒裙通常以黑色为底，上织红色图案，并在红色的基调上运用柠檬黄、橙黄、紫、粉紫、玫瑰红、浅蓝、草绿和白色等颜色，织出色彩对比强烈、异常鲜艳的图案。

少数民族传统服饰的色彩是其服饰的一大亮点，有淡雅素丽的，多用蓝、青、黑等色；有浓艳热烈的，多用红、橘红、黄等色；有色彩较少的，只有数种颜色；有色彩较多的，有十多种颜色。黔东南地区苗族盛装服饰的色彩主要以红色为主，其主要图案花纹多用朱红色，其他图案多用浅黄、浅蓝、紫红和玫瑰红等色点缀。云南陇川县阿昌族（小阿昌）花纹图案是在黑色底布下，以红、绿色为主，配以蓝、黄色，色彩鲜艳。如果细细品味，会发现民族传统服饰中对配色相当讲究，并遵循一定的准则，非常具有视觉冲击力和艺术美感。

在设计中，我们可以结合当季的流行色，将这些古拙艳美的色彩大面积运用或点缀在服饰的局部上，使服装既有传统的意蕴，又有时尚的感觉。

（四）借鉴民族服饰图案的表现

图案是服装的重要元素之一，民族服装上的图案往往带有浓烈的民族色彩，可以将其称为民族图案。民族服饰图案变化丰富、式样万千，最易表达出民族服饰的风采，突出民族文化的神韵，体现各民族人民的审美情趣和审美理想。而民族风格中的装饰纹样，一直是现代时装设计师创作的灵感源泉。民族服饰艺术颇具特色的纹样，以不同方式反映着浓郁的风土人情和精神面貌，是设计者不可多得的财富。

设计时常常会选用民族传统图案的一部分进行夸张、放大，作为整件时装的局部装饰，一些图案和用色被简化、概括，连续纹样的循环单元加大，视觉表达强烈。

同时，在设计中，可以选用富有时代感的面料，配用应季流行的款式。选用具有民族色彩的面料或印花图案时，用西化的裁剪手法，将用于绣花或补贴的民族传统图案尽量抽象化、几何化，使得它们更现代，即用现代的服饰材料改造传统民族服饰的形，用优秀民族服饰的意来突显现代服饰形所表达的文化特征，使得设计作品充满时尚感。经过设计师提炼后的民族服饰图案，被赋予了时代的意识和色彩。

民族服饰中装饰物的多彩和丰富也是民族服饰图案装饰的又一个亮点。服饰配件也成为时装设计不可或缺的点睛之笔，影响着整体着装效果。我国各民族服饰的装饰物琳琅满目，有头饰、颈饰、腰饰、臂饰、背饰等，材料也多姿多彩，有金、银、铜、铁、铝，有玉、石、骨、贝，也有珊瑚、珍珠、宝石、羽毛、兽角、花朵、竹圈、木片，甚至昆虫的外壳等，量多质杂，有时会超过服装的华美，设计师可以从丰富的民族服饰装饰物中收获设计灵感，如将不同材质重组与再造，同样可以提炼应用到现代时装设计之中。

各民族服装差异的表现方式之一是对服装的不同装饰方式。民族服装在服装的装饰方式上各具特色，有的民族服装注重头饰，有的民族服装注重腰饰。在对服装本身的修饰上，有的注重领口、袖口、门襟、下摆等部位的装饰，有的则注重胸、背、裙身等部位的装饰。

服装的图案与饰品过于繁杂，往往不能成为大众消费品，因此在选择民族图案时，要注重一个"简"字，使民族图案给予现代服装适度的修饰，以呈现秀丽、华贵、高雅等特色，可供在不同的场合使用。将图案用于服装的某些部位，如领部、袖口、门襟、下摆等部位，整件服装以净地为主，局部用图案点缀，染色或原色面料上仅用少量图案，减少单调感，服装上颜色、图案有变化但不凌乱，突出重点，主次分明。

这种装饰方式可以说手法众多，不过在吸纳民族装饰方式的同时，要注重服装纹样的细部构思。服装设计在款式造型上追求简洁明了；在衣、领、袖、肩部、背部、胸部或裙的边部，可镶以几何图案。在纹样处理上可采用一些对称、不对称手法，并运用流畅的线条、强烈的色彩对比，或两方连续的几何纹样相拼艺术，使纹样在服装组合中呈现出鲜明的民族特色与特点。

民族服装的装饰图案与其缓慢的生活节奏有关，穿衣服的人和看衣服的人都有足够的工夫去领略图案细节的妙处，而现在是讲究效率的时代，大部分人都喜欢一目了然，服装的图案越细密，视觉冲击力越差，这不是现代人所欣赏的装饰方法，因此，可以将原有的复杂图案加以简化后使用。譬如一朵精美的"云肩"，几个简洁的月牙形，一个喻意团圆、圆满、如意的圆，都可以扩大在整个前胸或后背，从而体现出一种博大、豪放的风格。

从图案的使用方法可看出，借鉴民族服装的图案时，为了避免图案过于复杂，可注意提取民族服装图案的少量元素来放大使用。为满足一些追求完整、统一美的消费者的需求，在服装设计时可采用一些具有民族特色的图案元素进行上下、左右、前后、内外的整体配合，形成一种整体感。图案可以左右对称；在领口、袖口、下摆、门襟等处重复使用，在上下、前后、内外反复使用，充分体现了统一、和谐之美。

图案与纹样作为少数民族传统服饰的外化语言，是少数民族传统服饰中最为绚烂的亮彩，在它的身上能够折射出各个民族鲜明的民族风格、迥异的审美定式以及不同的表达美的方式。在它的身上，可以看到一个民族的历史传承、宗教信仰、民风民俗以及对美的感知能力。

它是对少数民族传统服饰风格最佳的解读，是各族群众勤劳与智慧的结晶。通过扎染、蜡染、刺绣、镶拼、贴补等工艺手段得到的少数民族图案与纹样，或古朴凝重，或鲜艳热烈，或动感奔放，或宁静内敛，体现了各民族群众不同的生活情趣与韵味。

少数民族传统服饰中的图案与纹样在出现的最初，主要是实用的功能。这些图案纹样大多织绣于服装中最易磨损的部位，如领、袖口、衣襟等处，增加了服装的耐磨性，也起到了保护的作用。后来这些最初简单的图案与纹样渐渐地复杂和完善起来，变成一种装饰，成为少数民族传统服饰中最为亮丽的一笔。图案与纹样无疑在少数民族服饰中占有重要的地位。少数民族传统服饰在结构上的相对简单特性，决定了它对装饰细节的注意。

少数民族服饰传统图案与纹样作为少数民族服饰的一个符号和代码，由点、线、面、体构成，体现了强烈的装饰与审美效果。它们的构成也遵循一定的形式美法则，如对称、对比、统一、均衡等，具有节奏感与韵律感。设计师在进行现代设计时，可以将其打散，将不同的图案进行重新排列与组合，形成所要达到的样式。这其中牵涉到对图案与纹样色彩对比的重组，对不同风格的图案与纹样的打散与重新整合，通过一系列的打散、排列与组合，从而达到节奏与韵律完全不同的视觉效果。

少数民族传统服饰图案与纹样或热情浓烈，或洒脱奔放，或淡雅秀丽，或古拙质朴，在艺术与审美上都达到了很高的层次。但同时应看到，传统服饰样式与款式是其最佳的载体，如果将其大面积地应用在现代款式的服装上，则会显得不伦不类。因此，局部的应用不失为一种好的设计方法。图案与纹样用于服装的某些部位，领、袖、衣襟、下摆、胸部和腰部等位置，装饰菱形、三角形、曲线造型的纹样，或将其经过重新设计的特定图案点缀在纯色的面料上，都能得到良好的效果。

此外，在利用图案与纹样进行局部应用时，还要注意线条的流畅与色彩的对比。

少数民族传统服饰的发展有其特定的时代背景与社会经济文化条件，在这样的背景和条件下，妇女花费几个月或者几年的时间，制作一件衣服都是正常不过的事情，因此很多图案与纹样都是非常繁复与精致的，其中很多带给我们的都是外向而直观的视觉冲击。现代服装设计一般都较为简洁，更注重含蓄与内敛的韵味。因此，将少数民族传统服饰中的图案与纹样进行一定的简化，给予其适当的修饰，也是设计的一种方法。

（五）借鉴民族服饰工艺的表现

由于少数民族服饰式样和裁剪相对程式化，装饰就成为少数民族服饰艺术的重要手段。除了图案外，各式各样的传统工艺，如刺绣、镶边、扎染、蜡染、钉珠等传统装饰手法，再与图案、材料、色彩相结合，成为少数民族元素装饰表达的重要手段之一。民族服饰传统工艺历史悠久、手法精湛，不仅具有很强的实用性，而且具有较高的艺术价值，这些工艺被广泛地运用到时装中。

除此之外，挖掘民族面料技艺也是现代时装设计的一个切入点。被誉为日本纤维艺术界"鬼才"的新井淳一先生，作为国际著名的染织设计大师、英国皇家工艺协会唯一的亚裔会员，他在运用最前沿技术进行创作的同时，注重对传统工艺的研究和继承，坚持传统技法与最新技术结合的理念。20世纪70年代至80年代，他为多位日本著名服装设计师设计的诸多新面料在国际上产生了巨大反响。近年来他开发的阻燃型金属面料、阻电波新型化纤面料以及光触媒金属面料等都代表着日本最前沿的技术。

日本著名设计师三宅一生的作品将时尚新型材料和肌理效果与日本民族服饰相结合，形成独特的时装设计风格，向世界展现了民族服饰工艺的魅力。

东北虎首席设计师张志峰和他的"NE·TIGER东北虎"一直致力于创建中国的奢侈品品牌，他要将NE·TIGER东北虎打造成为皮草、晚装、婚礼服和高级定制华服的国际顶级时尚品牌。坚持以文化感、民族感、历史感和时尚感为追求方向，呈现出全球化与民族性融合的时代特征，反映中国传统服饰文化和传统绝技的复兴。

类似满族旗袍上中国结的盘扣工艺，也是国内中装各大品牌所热衷的民族元素，利用现代设计手段对民族题材和元素加以符合时尚审美理念的再表达，对民族因素进行符合民众心理和设计师审美意趣的再演绎，是对流行文化和民族传统的再发展。在民族主题的设计表现上，需要在表达形式上下足功夫，以准确地表达其内涵求得"形神兼备"。

民族传统服饰艺术的意境在于朴素而超脱、精致而含蓄。传统民族服饰理念可以作为传统与时尚美学的契合点，在民族主题设计中得以充分发挥。就一件服装艺术作品而言，设计的成功与否关键是作品的完美程度，设计师需要对服饰诸要素熟练把握并融会贯通，在创作时既要注意感性运用，又要在胸有成竹的基础上建立其随心所欲的"知性理解"。因此，在对民族服饰元素"知性理解"的前提下，通过时尚的设计手法，诠释民族服饰独特的结构以及丰富的色彩、图案、材料及工艺特点。

民族手工艺是展现民族服装特色的重要手段，这些手工艺方式有的直接用于面料或服装加工，如扎染、蜡染、抽纱、刺绣、雕花等工艺；有的则以面料、服装之外的饰品、配件形式存在，起到展现民族特色、修饰服装的作用。

这些优秀的民族手工艺，目前在一些服装上虽有应用，但用量较少，关键在于手工加工分量大，加工成本高，但如果充分开发手工艺精华之作，用于高档服装，则具有独一无二的特点，不仅可以丰富现代服装服饰，而且可以为服装业创造一定的经济效益。另外，采用现代高科技手段替代手工加工，如利用电脑绣花进行机械刺绣，在面料上进行仿挑花、打籽等刺绣效果印染等加工方法，可节省时间，降低成本；也可在面料上进行刺绣图案数码印花，非常容易进行个性化设计；水晶烫片已发展得非常成熟，可以快速地将设计图案实现在面料上，形成华丽的珠串效果。将这些机械化生产的仿民族手工艺方式用于现代服装，同样能体现民族手工艺对现代服装服饰的贡献。

总的来说，时装的民族主题设计虽经过许多设计师反复争论、切磋，但其发展的总趋势是极度表面化的民族特征的设计越来越少，而民族文化内涵以及时装中多民族的民族性融合更为多见，这使得现代时装艺术最终保持了生命力并实现了存在价值，即继承民族传统不能生搬硬套、拘泥成规，而应合理取舍，融入时代气息。在民族主题的时装设计中，诸多元素的整合运用只是流行的异化手段。最基本的设计要求是流行性，而最终的设计目的是商品性。

第四节　民族风格服饰设计的创新手法

一、相似联想

联想法主要是指由某一事物想到另一事物的心理过程，或者是由当前看到的服装形态、色彩、面料、造型或图案的内容回想到过去的旧事物或预见到未来新事物的过程。

在服装设计中，联想不仅能够挖掘设计者潜在的思维，而且能够扩展、丰富我们的知识结构，最终取得创造性的成果。联想的表现形式较多，有相似联想、相关联想和相反联想，它们都可以使设计者从不同方向来审视服装与服装之间的关联性和新的组合关系。

相似联想也称类似联想，是指由事物或形态间的相似、相近结构关系而形成的联想思维模式。相似联想又可以分为形与形的联想、意与意的联想：

（一）形与形的联想

是指两种或两种以上的事物在外形上或结构上有着相似的形态，这种相似的因素有利于引发外形与事物之间的联想，有利于引发想象的延伸和连接，有利于创造出新的形态或者结构，并赋予其新的意蕴：在进行服装设计的过程中，形与形的联想要抓住事物的共同点，即"形似"，利用事物的形似进行创意设计，这种方法对现代服装设计创意与表现具有重要的启示作用和应用价值。

如图4-24所示为设计师马可在1994年第二届兄弟杯的参赛作品《秦俑》系列，这个系列作品夺得了当年金奖。创作手法上是将真皮切成小块，用细皮条相连接，服装有些部分采用了传统的麻质面料夏布，设计师通过对作品造型、材质的巧妙处理，表现了古代秦俑朴拙威武的风采，给人一种古朴、悠远的历史联想。服装的造型个性突出，放在20多年后的今天来看，依然能让人体会到服装的内涵美，设计师联想的内容被充分体现。

图4-24 1994年第二届兄弟杯的参赛作品《秦俑》系列（设计师：马可）

如5-25为2013年国际秋冬秀场Valention《青花瓷》系列礼服设计作品，该设计灵感来源是设计师对现实的经验感受通过相似联想获得的启示。无论从服装的造型还是服饰色彩来看，都与人们熟知的"青花瓷器"有着惊人的相似，说明设计师对瓷器的美有着深刻的感受和独到的理解，作品的图形和造型色彩的处理表现出了极强烈的个性，创造性地诠释了《青花瓷》的设计主题思想。

图4-25 2013年国际秋冬秀场Valention c——青花瓷系列礼服设计作品

图4-26、图4-27为国际服装设计师Mary Katrantzou的系列设计作品，与前面

提到的Valention的作品有着异曲同工的效果。其中作品的图形和造型色彩的处理表现出了极强烈的个性，紧紧抓住了中国瓷器的神韵。

图4-26 2012年国际秋冬秀场Mary Katrantzou系列设计作品（一）

图4-27 2012年国际秋冬秀场Mary Katrantzou系列设计作品（二）

再看图4-28、图4-29的系列设计，设计师显然对自然界的枯荷有着美好的感受，荷叶向各个方向伸展、合拢的自然造型引发设计师对服装层次感的理解，叶脉呈发散状的流线形有着迷人的形式美感，朴素无华的色彩带给人生命的思索，设计师牢牢地抓住了这些感受，设计时曾做过多项实验，选择了多种面料，也采取过多种手段来塑造服装的形态，最终取得图4-29所示的较为满意的效果，很好地诠释了设计创意的主题，使人产生趣味性的联想。

图4-28 相似联想——形与形的联想系列设计草图（设计者：谷云）

图4-29 相似联想——形与形的联想系列设计作品（设计者：谷云）

（二）意与意的联想

　　意与意的联想指两种或两种以上的事物虽然属性不同、结构不同、形态也不同，但却呈现出一定的相似意蕴。通俗话叫神似，感觉上是接近的、一致的。这种感觉是多方面的，包括视觉、嗅觉、味觉、触觉所感受到的效果，也可以是综合感觉出的效果。服装设计中，运用意与意的联想来表达创意的方法，也是经常用到的，它对揭示设计主题并发掘其内涵具有重要的作用和意义。

　　意与意的联想实质是在设计中不要拘泥于对"形"的表现，注重对"神"的理解和诠释，如图4-30、图4-31所示，作品为我国服装"金顶奖"设计师梁子设计的作品，梁子多年来一如既往地保持着自己独有的风格，作品采用传统面料莨绸，经过特殊而复杂的工艺处理，把中国传统的山水画、书法等文化精髓通过服装语言体现出来，重新演绎了传统与现代、古典与浪漫的情怀。再看图4-32为梁子在TANGY collection2014年春夏时装发布会的作品，也同样用传统面料莨绸为原材料，每一套服饰都如同一幅幅意境幽远的写意水墨画，向世人传达出了本土的精神文化内涵。

图4-30 天意TANGY品牌的设计作品（一）（设计师：梁子）　　图4-31 天意TANGY品牌的设计作品（二）（设计师：梁子）

图4-32 梁子在TANGY collection2014年春夏时装发布会的作品

二、造型再创造

民族服饰之美，也充分体现在造型上，传统民族服饰大多保持了款式繁多、色彩夺目、图案古朴、工艺精美的鲜明特点。在现代服装设计中，对民族服饰造型再创造最能有效地体现民族风格服饰的创新性。造型再创造可以从三方面入手。

（一）轮廓再创造

服装流行的演变最明显的特点就是廓形的演变，服装的廓形是指服装外部造型的大致轮廓，是服装造型的剪影和给人的总体印象，廓形上的改变再造最能给人耳目一新的感觉。常有的服装基本形态有H形、A形、Y形、X形、O形、T形。民族服饰的廓形通常是使用多种形态进行搭配组合，它的式样繁多，借鉴它多变的轮廓外形，可运用空间坐标法再创造：在已有的民族服饰廓形中，选取一两个符合现代审美的廓形，移动人体各部位所对应的服装坐标点——颈侧点，肩缝点，腰侧点，衣摆侧点，袖肘点，袖口点，脚口点等，通过移动人体关键部位点，使原有廓形产生空间新的变化，得到新的服装廓形。

南方有些少数民族盛装时穿的服饰多为无领大襟衫或对襟衣，着百褶裙，围花腰围裙，腿部扎绑腿，这类民族服饰的服装廓形多为A形和X形（图4-33～图4-35）。

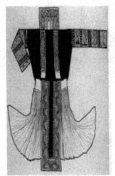

图4-33 苗族盛装服饰平面展开图之一　　图4-34 苗族盛装服饰平面展开图之二　　图4-35 苗族盛装服饰平面展开图之三

图4-36～图4-38是以南方少数民族服饰为灵感来源，在设计中保留了南方少数民族服饰的廓形特点，注意了肩部、腰线、裙摆、边脚线各部位廓形空间大小对比和元素间位置的关系，并采用符号化的造型手段，融合当下时尚，大胆造型，简繁结合，体现了一种无拘无束的豪放的民族风格。

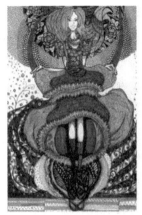

图4-36 谢珊珊服装设计作品 　 图4-37 谢珊珊服装设计作品 　 图4-38 谢珊珊服装设计作品

（一）　　　　　　　　　（二）　　　　　　　　　（三）

　　在移动坐标点时注意服装廓形变化可依附人体形态进行变化，比如肩部的袒和耸、平和圆，胸和臀部的松散和收紧，都需要结合人体结构，穿着在人体上要舒适。腰的变化比肩部要更丰富，可根据服装的风格来设计，腰的松紧与腰带的高低都要符合服的整体风格。比如，束紧的腰部使身体显得纤细；轻柔、松散的腰部，则显得自由休闲。服装腰节线高于人体腰节，显得人体修长柔美；与人体腰节相对应，使人整体看上去自然端庄；而低于人体腰节，则给人轻松、随意的感觉（图4-39）。

图4-39 民族风格服装设计作品（设计师：吴琼）

（二）结构再创造

服装款式是由服装轮廓线以及塑形结构线和零部件边缘形状共同组成，因而服装结构设计也称为服装的造型设计，它包括服装衣领、口袋、裤裆等零部件以及衣片上的分割线、省道、褶等结构。民族服饰本身造型多样，可以运用结构再创造法，使原始的服装结构设计中的细节造型位置变化，以及工艺手段变化产生全新的服装效果。具体的方法有两种：变形法、移位法。

变形法是对服装内部结构的形状做符合设计意图的变化处理，而不改变服装原来的廓形，具体的方法可以用挤压、拉伸、扭转、折叠等对服装结构的形状进行改变，如三宅一生经典褶皱裙，运用挤压折叠面料，抽紧后形成褶皱，用不同的工艺手段表现服装材料的质感，当然其他方式的运用同样可以产生让人耳目一新的效果（图4-40、图4-41）。

移位法指的是把服装局部细节在保留其原有造型的条件下，将其移动到新的位置上，位置的高低、前后、左右、正斜、里外的变化会产生不同的服装效果，这种方法重新构成的服装往往有出人意料的效果，服装显得巧妙而独特，而具有独有的风格魅力。图4-42、图4-43是将藏族服饰作为创作灵感来源的设计效果图。

图4-40 强调服装内部结构变化的服装设计作品（一）（设计师：李晓腾）

图4-41 通过多种服装工艺手法来表现服装的造型设计（设计师：胡兰）

图4-42 运用移位法进行的服装造型设计之一　图4-43 运用移位法进行的服装造型设计之二

（设计师：胡晓青）　　　　　　　　　　（设计师：胡晓青）

第五章　民族风格服饰设计作品赏析

第一节　国外设计师作品

三宅一生（Issey Miyake）

日本在世界人的眼里是一个文化悠远、东方气息浓厚、受西方时尚文化影响极深的国度。现代与传统、东方与西方融合的理念，是日本人对待服装的一种穿衣态度，同时也是日本服装设计界经常被提及的。比如在国际服装设计师中占前几名的三宅一生（Issey Miyake）、高田贤三（KenZO Takada）、川久保玲（Rei Kawakubo）、山本耀司（Yohji Yamamoto）、森英惠（Hanae Mori）等，都是在这样矛盾、混合的文化中抚育出来的。

"我们时代最伟大的服装创造者。"这是巴黎装饰艺术博物馆馆长对三宅一生（Issey Miyake）的评价。

三宅一生（Issey Miyake），1938年出生于日本广岛。最初的梦想是当一名画家，而最终走上了服装设计的道路。三宅一生利用逆向思维去设计和开拓新理念、新想法，以东方神韵的时装风格给西方的服装领域革命性的冲击，真正体现了东方服饰美学的审美（图5-1）。

图5-1 三宅一生（Lssey Miyake）作品（一）

三宅一生的设计，大家对他的深刻印象是对面料的创意，以及性能的掌握和研究。正如他所言："衣服必须要被看到，但不仅从外表能看见，里面也要能感觉到。"只有熟悉了面料的性能，才能结合目标顾客的需求去设计草图。灵感源于日本的传统手工艺折纸艺术的"三宅裙"将人道的思想贯穿于服饰中，便于携带，易保管，无须整烫和保养，改变了高级时装及成衣一贯平整光洁的定式（图5-2、图5-3）。

图5-2 三宅一生（Issey Miyake）作品（二）　图5-3 三宅一生（Issey Miyake）作品（三）

在服装造型上，借鉴东方宽衣博带形式隐人体于服装中，追求人与自然的和谐。结构上采用立体裁剪和平面制版相结合的方法。穿着方法，尽量给其发挥空间的个性，混搭、组合，多种穿法，让着装者和设计师共同来完成（图5-4，图5-5）。

三宅一生成为现在左右服装界发展方向的服装设计大师之一。

图5-4 三宅一生（Issey Miyake）作品（四）　图5-5 三宅一生（Issev Mivake）作品（五）

第二节　国内设计师作品

一、NE·TIGER（东北虎）

在时装界，Haute Couture（高级定制）意味着奢华、顶级，品质生活的象征。扎根于华夏五千年文明，秉承"贯通古今，融汇中西"的设计理念，NE·TIGER开创了别具特色的中国式高级定制。

NE·TIGER充分体现民族融合的理念，汲取汉、藏、苗、傣、彝、纳西等50多个民族的服装艺术元素，采用真丝面料，将散落于民间的各项工艺（缂丝、刺绣、剪纸、绣绳等）及织造大师的绝技，汇集在精美的华服之上，用西方的立体裁剪勾勒和衬托出其作品的东方神韵和内涵。

NE·TIGER绝艺——云锦、缂丝、刺绣、剪纸、绣绳、手绘。

剪纸是中国民间传统装饰艺术之一，从汉代至今有着悠久的历史，民间剪纸题材比较广泛，有动物、植物、生活场景等，在表现形式上有许多寓意，代表吉祥、美化的特征，用其特定的表现语言传达出传统文化的内涵和本质。

NE·TIGER将传统剪纸艺术工艺在其礼服领域再创造、纯手工制作，面料采用优质、舒适、天然的桑蚕丝设计（图5-6）。

图5-6 NE·TIGER 2014年华服（一）

NE·TIGER将苏、粤、湘、蜀四大名绣的技巧用于其华服之中（图5-7~图5-9）。

图5-7 NE·TIGER   图5-8 NE·TIGER   图5-9 NE·TIGER
2014年华服（二）   2014年华服（三）   2014年华服（四）

NE·TIGER的国色——黑、红、蓝、绿、黄。在我国古代，秦朝前崇尚黑色；汉朝盛行红色；南北朝推崇蓝色；宋朝以绿色为主流；明清时期黄色象征权贵。

二、SHIATZY CHEN（夏姿陈）

SHIATZY CHEN（夏姿陈），一个带有东方民族设计元素的世界精品时尚品牌。夏姿陈服饰于1978年成立，专事于设计与生产高级女装，至今已成为拥有高级女装、高级男装、高级配件以及高级家饰品的综合品牌。

设计师王陈彩霞生于1951年，中国台湾省彰化县人。夏姿陈服饰是由她和下元宏携手创立的，成为中国台湾时尚产业的传奇与代表。其服装作品主要采用丝绸、麻、毛、棉等天然面料，尤其对丝绸倍加喜爱。服装的板型独特、解构，工艺制作考究，设计元素多运用刺绣、手绘、钉珠等工艺手法。每一季的产品除了附和国际潮流，注入当代时尚美学之外，同时融入了中国文化之理念，使得其作品风格含蓄优雅、精致灵透，有很强的艺术性和商业价值，因此也成为SHZATZY CHEN的经典风格——将中国传统民族服饰中的写意风格及西方写实风格完美地结合（图5-10、图5-11）。

图5-10 SHIATZY CHEN（夏姿陈）作品（一）　图5-11 SHIATZY CHEN（夏姿陈）作品（二）

参考文献

[1] 余强编. 设计学概论[M]. 重庆：重庆大学出版社，2014.

[2] 余强等. 织机声声：川渝荣隆地区夏布工艺的历史及传承[M]. 北京：中国纺织出版社，2014.

[3] 钟茂兰. 民间染织美术[M]. 北京：中国纺织出版社，2002.

[4] 戴平. 中国民族服饰文化研究[M]. 上海：上海人民出版社，2000.

[5] 刘天勇，王培娜. 民族／时尚／设计——民族服饰元素与时装设计[M]. 北京：化学工业出版社，2010.

[6] 于晓丹. 说穿[M]. 北京：中信出版社，2014.

[7] 王培娜. 毛衫设计手稿[M]. 北京：化学工业出版社，2013.

[8] 华梅，王鹤. 玫瑰法兰西[M]. 北京：中国时代经济出版社，2008.

[9] 谢锋. 时尚之旅[M]. 北京：中国纺织出版社，2007.

[10] 钟茂兰. 民间染织美术[M]. 北京：中国纺织出版社，2002.

[11] 戴平. 中国民族服饰文化研究[M]. 上海：上海人民出版社，2000.

[12] 古尔米特·马塔鲁. 什么是时装设计[M]. 江莉宁，刁杰，译. 北京：中国青年出版社，2011.

[13] 范朴，钟茂兰. 中国少数民族服饰[M]. 北京：中国纺织出版社，2006.

[14] 余强，等. 西南少数民族服饰文化研究[M]. 重庆：重庆出版社，2006.

[15] 刘天勇，胡兰. 成衣设计教程[M]. 重庆：西南大学出版社，2013.

[16] 文红，刘天勇. 装饰设计[M]. 重庆：重庆大学出版社，2012.
装饰设计绘画教程[M]. 上海：上海人民美术出版社，2004.

[17] 凯瑟琳·施瓦布. 当代时装的前世今生[M]. 李慧，译. 北京：中信出版社，2012.

[18] 楼望皓. 中国新疆民俗[M]. 乌鲁木齐：新疆美术摄影出版社，2003.

[19] 粘碧华. 刺绣针法百种[M]. 台北：雄狮美术，2003.

[20] 邓启耀. 民族服饰——一种文化符号[M]. 昆明：云南人民出版社，1991.

[21] 左汉中. 民间印染花布图形[M]. 长沙：湖南美术出版社，2000.

[22] 吕胜中. 广西民族风俗艺术[M]. 南宁：广西美术出版社，2001.

[23] 余强. 西南少数民族服饰文化研究[M]. 重庆：重庆出版社，2006.

[24] 叶涛. 民俗研究[M]. 济南：山东教育出版社，2005.

[25] 张海容. 时空交汇——传统与发展[M]. 北京，中国纺织出版社，2001.

[26] 陆启宏. 波希米亚——源远流长的前沿时尚[M]. 上海：上海世纪出版股份有限公司，上海辞书出版社，2006.

[27] 胡月. 轻读低诵穿衣经[M]. 上海，东华大学出版社，2000.

[28] 王连海. 民间刺绣图形[M]. 长沙：湖南美术出版社，2001.

[29] 王晓威. 服装图案风格鉴赏[M]. 北京：中国轻工业出版社，2010.

[30] 杜钰洲. 中国衣经[M]. 上海：上海文化出版社，2000.

[31] 邓启耀. 衣装秘语[M]. 成都：四川人民出版社，2005.

[32] 马蓉. 民族服饰语言的时尚运用[M]. 重庆：重庆大学出版社，2009.

[33] 程志方、李安泰. 云南民族服饰[M]. 昆明：云南民族出版社，云南人民出版社，2000.

[34] 吴仕忠，等. 中国苗族服饰图志[M]. 贵阳：贵州人民出版社，2000.

[35] 李昆声，周文林. 云南少数民族服饰[M]. 昆明：云南美术出版社，2002.

[36] 周梦. 民族服饰文化研究文集[M]. 北京：中央民族大学出版社，2009.

[37] 傅统先. 中国回族史[M]. 银川：宁夏人民出版社，2000年.

[38] 丁菊霞. 西部回族50年社会经济变迁述略[J]. 回族研究，2007（1）.

[39] Sophie Guo果果. 巴黎时尚密语[M]. 北京：中国纺织出版社，2009.

[40] 袁仄. 人穿衣与衣穿人[M]. 上海：东华大学出版社，2000.

[41] 华梅，要彬，曹寒娟. 服饰与时尚[M]. 北京：中国时代经济出版社，2010.

[42] 服装图书策划组. 设计中国——成衣篇[M]. 北京：中国纺织出版社，2008.

[43] 白世业，陶红，白洁. 试论回族服饰文化[J]. 回族研究，2000（1）.

[44] 华梅. 服饰社会学[M]. 北京：中国纺织出版社，2005.

[45] 高占福. 大都市回族社区的历史变迁——北京牛街今昔谈[J]. 回族研究，

2007（2）.

[46] 程志方，李安泰. 云南民族服饰[M]. 昆明：云南民族出版社，2000.

[47] 戴平. 中国服饰文化研究[M]. 上海：上海人民出版社，2000.

[48] 良警宇.牛街：一个城市回民社区的形成与演变[M]. 北京：中央民族大学出版社，2006.

[49] 李春生，中国少数民族头饰文化[M]. 北京：人民画报社，2002.

[50] 良警宇. 从封闭到开放：城市回族聚居区的变迁模式[J]. 中央民族大学学报（哲学社会科学版），2003（1）.

[51] 缪良云. 中国衣经[M]. 上海：上海文化出版社，2000.

[52] 李振中. 论中国回族及其文化[J]. 回族研究，2006（4）.

[53] 楼望皓. 中国新疆民俗[M]. 乌鲁木齐：新疆美术摄影出版社，2003.

[54] 麦卉. 基于少数民族传统服饰的文化元素构建与传承研究[J]. 美术大观，2017（8）.

[55] 温静. 少数民族元素在现代实用服装服饰品牌设计中的运用和发展研究[J]. 纺织报告，2017（7）.

[56] 姚双林，李云昊，武海龙.少数民族服饰元素在数字化服装设计中的运用[J]. 艺术与设计（理论），2017（7）.

[57] 易莉莉.现代服装设计中民族服饰元素的有效应用分析[J]. 大众文艺. 2017（3）.

[58] 韩石.内蒙古及东北地区少数民族服饰产业发展研究[J].中国商论，2017（2）.